Python でかなえる Excel 作業効率化

北野 勝久、高橋 宣成 著

技術評論社

本書をお読みになる前に

本書に記載された内容は、情報の提供だけを目的としています。したがって、本書を用いた運用は、必ずお客様自身の責任と判断によって行ってください。これらの情報の運用の結果について、技術評論社および著者はいかなる責任も負いません。

本書記載の情報は、2020年6月現在のものを掲載していますので、ご利用時には、変更されている場合もあります。

本書のソフトウェアに関する記述は、特に断りのないかぎり、2020年6月現在での最新バージョンをもとにしています。ソフトウェアはバージョンアップされる場合があり、本書での説明とは機能内容や画面図などが異なってしまうこともあり得ます。

本書ご購入の前に、必ずバージョン番号をご確認ください。

以上の注意事項をご承諾いただいた上で、本書をご利用願います。これらの注意事項をお読みいただかずに、お問い合わせいただいても、技術評論社および著者は対処しかねます。あらかじめ、ご承知おきください。

はじめに

なぜ、Excel仕事をPythonでやるの？

なぜExcel仕事にPythonを使う必要があるのでしょうか。「とくに困ってないよ」という方も多いでしょう。わざわざ今までと違うやり方で仕事をするからには、何かしらのメリットが必要です。

たとえば、Web上のデータを集計し、グラフ化して、社内のファイルサーバに保管するという業務を考えてみます。

▼図1　一言で「Excel仕事」といっても、やることは多い

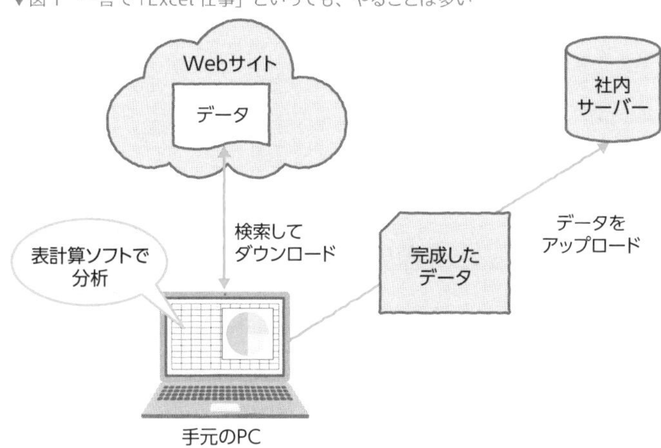

図で表すと、Excel作業の前後には前工程と後工程があり、Excel上での作業は一部であることがわかります。また、Webブラウザ→Excel→ファイルサーバを行き来せねばならず、めんどうです。このようにExcel仕事を分解すると、工程数やExcel外の作業が意外と多いことに気づくでしょう。

ところが、この業務をPythonで行うと、すべての作業はプログラムを動かすだけで完結できます。壊れてしまったら改修が必要ですが、いったんプログラムをつくってしまえば、同じ作業を再びゼロから行う

必要はありません。定期的にプログラムを実行すれば完全に自動化することも可能です。つまり、次のようなメリットがあるのです。

- 同じ作業を何度も人の手で繰り返さなくてもいい
- 決まった日時に行う定期作業を自動化できる
- プログラムが壊れない限り、ミスがなくなる
- 特定の人に依存した仕事を減らすことができる
- 仕事の進め方を記録管理できる

例にあげたようなデータ集計・加工業務を自動化することで、実際の作業時間と頭の切り替えにかかる時間を含め、毎週2時間程度の時間が新しく生まれるでしょう。年間で約100時間です。その100時間を使えば、さらに別の業務を自動化・効率化できます。プログラミングは、コンピュータに仕事を任せることで、どんどん時間が生まれていくという意味において、時間の打ち出の小槌と言えるかもしれません。

読み進めるか迷っている人のための Q&A

いくつかの想定される質問に対して、勝手に答えていきます。

Q Excel でプログラミングと言えば、VBA でしょ?

VBAは、Microsoft社のアプリケーション (Excelや、Powerpoint) に独自の機能拡張を施すためのものであり、そのために開発されたプログラミング言語のことです。次のような特徴があり、まさに、Excel操作を自動化するためにうってつけです。

- 開発環境や実行環境が Excel や PowerPoint に備わっているため、プログラムを書き始めるための環境準備が不要
- Microsoft Office 製品自体が巨大なプラットフォームであるため、機能に制限がありつつも応用性は高い (例:Internet Explorer を操作し、クローラーをつくるなど)

- Microsoft Officeがないと動作しない
- Microsoft社のアプリケーションに対して実行されることに特化しているため、他プログラミング言語と比べると、機能に制限がある

では、なぜ本書ではVBAではなくPythonを学ぶのでしょうか？ Microsoft社のアプリケーションの外の世界にあるものをプログラムにする際は、VBAよりもPythonのほうが向いているためです。ですが、どちらかしか選べないわけではないので、VBAにも興味がある方は両方勉強してみてください。Pythonの特徴については、1-1節で詳しく解説します。

プログラミングやったことないけど、大丈夫？

不安に思う必要はありません。プログラムを書くことは一部の人たちの特殊スキルではないので、学習すれば必ず書けるようになります。英語やサッカーなどのスポーツと似ているかもしれません。ですが、世の中にはプログラミングの勉強を挫折してしまった人がたくさんいます。それは、プログラミング学習の情熱を燃やし続けることが難しいからです。

そこで本書では、Excel仕事でありがちなシーンを多く盛り込みました。実際の業務でアウトプットする様子を想像すれば、プログラミング学習への情熱を燃やし続ける手助けになるでしょう。

自分がやっている仕事は、この本でカバーされている？

具体的にどんな内容がカバーされているか気になる方も多いでしょう。本書で学習する内容をかんたんに紹介します。

- Excelファイルの作成編集を自動化する
- Googleスプレッドシートの作成編集を自動化する
- データを特定のルールに従い、加工する
- 集計したデータを分析し、グラフを用いビジュアライズする
- フォルダやファイル操作（作成や移動など）を自動化する

本書は、「みなさんの業務がどのように楽になるか」を最重視して内容を構成しています。本質的ではない作業を自動化・効率化することで、本来やるべき仕事に集中できるようになるでしょう。

本書の使い方

本書の概要

本書の構成と各章の役割をかんたんに紹介します。

- 第 1 章：Python の特徴を学んだあとに、Python を動かす環境をつくります
- 第 2 章：プログラミングや、Python の基本について学びます
- 第 3 章：Excel ファイルの作成や編集を Python から行います
- 第 4 章： Google スプレッドシートを Python で扱う方法について紹介します
- 第 5 章：Excel 作業の周辺にある業務を Python で自動化する方法について取り扱います
- 第 6 章： Python でデータ分析を行うと、どんなメリットがあるのか？また、その方法について紹介します
- 第 7 章：本書で学んだ知識を組み合わせ、まとまった業務のかたまりを自動化する演習を行います

すでにプログラミングを学んだことがあり、Pythonの基本的な書き方を知っている方は、第3章から取り組みはじめていただいてかまいません。一方、これからプログラミングをはじめる方は、前から順番に読んでいくことをおすすめいたします。また、プログラミング経験者の方であっても、「以前は、なんとなくコピペして動いたから満足しちゃったんだよね」という方や「Python以外のプログラミング言語を学んだ」という方は、改めて第1章や第2章を読むと理解が促進されるかもしれません。

コードのダウンロード

第2章以降で学ぶコードについては、すべてGitHub（コードを公開するためのWebサービス）に公開します。コードを手元にダウンロードいただくと、手元での動作確認が行いやすくなります。

まず、下記のURLにアクセスしてください。

本書で扱うコード
https://github.com/katsuhisa91/python_excel_book

画面上部にある緑色の「Code」というボタンを選択します。

▼図2　ダウンロード手順1

開いたサブメニューの「Download ZIP」をクリックすると、「python_excel_book-master.zip」というZIPファイルがダウンロードされます。

▼図3　ダウンロード手順2

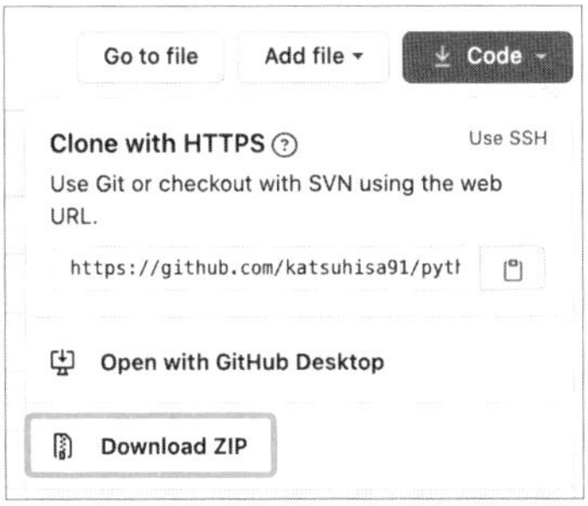

●プログラム解説画面の見方

本書では、プログラム画面を次のように表します。

▼プログラム 2-1　1を表示する (one.py)

```
01  print(1)
```

▼実行結果

```
1
```

プログラム2-1の横に記載された「1を表示する」はプログラムの説明文で、その隣の()内に記載された「one.py」はプログラム名です。このプログラム名は、前述したGitHubに公開しているプログラム名と一致します。

色アミになっている「print(1)」が、実際のプログラムの中身です。一方、プログラムの左横に書いてある「01」は行番号で、実際のプログラムに書く必要はありません。最後の、スミアミになっている箇所は、プログラムの実行結果を表しています。

「はじめに」のさいごに

これからプログラミングをはじめようとする方にとっては、長い道のりになると思います。一緒にがんばっていきましょう。

近道はないし、魔法はない。できなかったことをできるようになることの繰り返しで、それは人生もプログラミングも同じです。本書の内容を参考に、ご自身の仕事を改革できた方がたった1人でもいらっしゃれば、筆者冥利につきます。

2020年6月　著者代表　北野勝久

目次

第1章

Pythonをはじめよう

本章ではPythonのセットアップを行ったあと、プログラムをスムーズに書くための強力な開発環境であるPyCharmの導入方法を紹介します。

1-1 Pythonの特徴

さて、Pythonを実際にさわりはじめる前に、これから扱うプログラミング言語Pythonとはどんなものなのかを紹介します。Pythonには、次のような特徴があります。

世界中で人気のプログラミング言語

Pythonは、日本だけでなく世界的にも、たいへん人気のあるプログラミング言語です。プログラミング技術に関するQ&AサービスであるStack Overflowが毎年発表している調査で、Pythonは「（まだ使っていないが）最も学習したいプログラミング言語」の1位に、2017年から2020年の4年連続でランクインしています。

Developer Survey Results 2020
https://insights.stackoverflow.com/survey/2020/

人気であることは、すばらしいドキュメントの充実や、便利で洗練されたライブラリ（汎用性の高いプログラムを再利用可能な形でひとまとまりにしたもの）が豊富であることにつながります。日本でも、基本情報技術者試験の選択問題にPythonが追加になるなど、ますます盛り上がりを見せています。

基本情報技術者試験（FE）における Python のサンプル問題の公開について
https://www.jitec.ipa.go.jp/1_00topic/topic_20191028.html

コードが読みやすい

Pythonには「The Zen of Python」という有名な設計原則がありま

す。これは「コードは書く時間よりも読む時間のほうが長い」という経験則に基づいてつくられており、多くの開発者に参考にされています。結果として、Pythonのコードの読みやすさにつながっています。

標準ライブラリが豊富

Pythonには、効率よくプログラムを書くためのライブラリがあらかじめ同梱されています。これをバッテリー同梱（batteries included）哲学[注1]と言います。今の段階では、「Pythonは、あらかじめ必要なものがひととおりそろったプログラミング言語なんだ」とご理解いただければ問題ありません。

無料で使える

Pythonは、無料で利用可能です。Pythonに限らず多くのプログラミング言語は、自由な再配布を保証されたオープンソースソフトウェアとしてソースコードが公開されおり、誰でも自由に利用できます。本書では、Python以外にもさまざまなオープンソースソフトウェアを利用します。

注1　バッテリー同梱哲学について
https://docs.python.org/ja/3/tutorial/stdlib.html#batteries-included

オープンソースソフトウェア(OSS) はどうして無料なの？

多くのプログラマーにオープンソースの考え方は広く普及しています。公開されているさまざまなプログラムを無料で利用できる代わりに、バグ(プログラムが意図しない動作をすること) を見つけた際には修正するコードを提案したり、自分たちもつくったもの(ソースコード)を公開したりします。

ただし、OSSが無料であるからといって、それが天から降ってきたものではないということを覚えておいてください。

OSSはオープンソースの考え方に共感した多くの人たちによって成り立っています。OSSを利用するにあたり、「もっとこうなればいいのに」「ここが使いにくい」と感じることもあるかもしれませんが、常にその先にいる人のことを考えたフィードバックを心がけましょう。これはプログラムを書いて、目の前の業務を自動化・効率化する方法を学ぶことより、もっと大切なことです。

1-2 Pythonのインストール

では、さっそくPythonをインストールしましょう。Pythonのインストール方法は、システムによりさまざまです。最も標準的なのは、Pythonの公式インストーラでインストールする方法です。Python公式ページにアクセスし、最新のPythonをダウンロードし、インストーラを実行すれば完了です。

Python 公式ページ
https://www.python.org/

しかし本書では、公式インストーラを利用する方法ではなく、Anacondaによるインストール[注2]を行います。Anacondaを利用することで、Pythonだけでなく本書で利用する多くのライブラリをまとめてインストールすることができるからです。

1-2-1 Anacondaのダウンロード

まずはAnacondaをダウンロードしましょう。Anacondaの公式ページにアクセスし、画面中央の「Get Started」をクリックしてください。

Anaconda 公式トップページ
https://www.anaconda.com/

注2　Pythonの利用環境を構築済みの方がAnacondaでのインストールを追加で行うと、コマンド名の衝突が起こる可能性があります。そのため、AnacondaによるPythonのインストールを追加で行う必要はありません。また、1-4-4項「インタープリターの設定」(p32) もスキップしてください。PyCharmのデフォルトの設定のまま利用していただければ問題ありません。

▼図1-1　Anaconda公式ページ

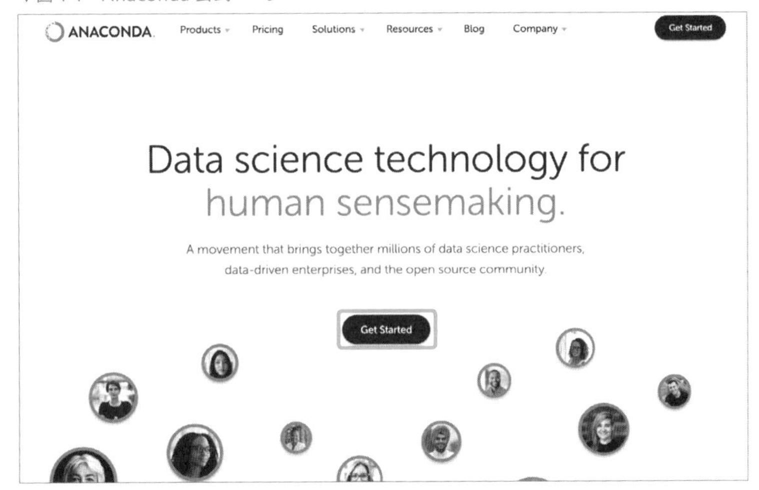

次のような画面が開くので、一番下にある「Install Anaconda Individual Edition」をクリックします。

▼図1-2　Hello! Let's get started!

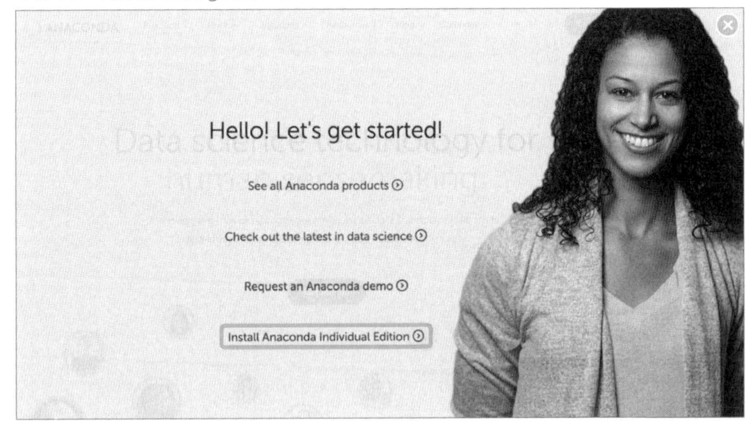

画面に表示された「Download」をクリックすると、ページ下部にあるAnacondaのダウンロードリンクが記載された箇所にスクロールされます。ご利用のOSに対応した最新のグラフィックインストーラを選んで

ください。これで、Anacondaのダウンロードが開始されます。

Python 2？　Python 3？

本書執筆時点では、Anacondaをダウンロードする画面で「Python 3.7 version」と「Python 2.7 version」のリンクが表示されます。

▼図 1-3　Anaconda インストーラ

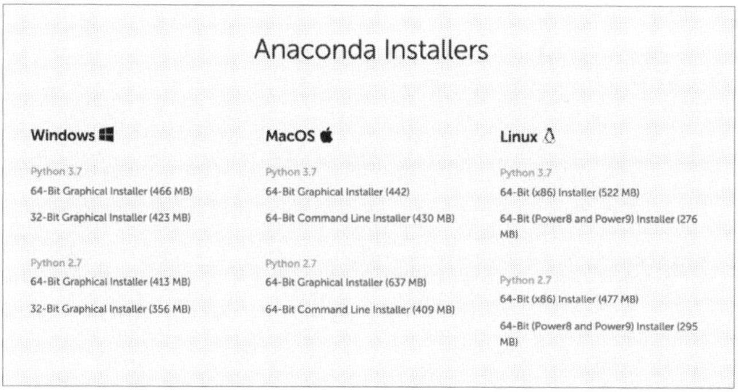

Anaconda Installers

Windows	MacOS	Linux
Python 3.7	Python 3.7	Python 3.7
64-Bit Graphical Installer (466 MB)	64-Bit Graphical Installer (442)	64-Bit (x86) Installer (522 MB)
32-Bit Graphical Installer (423 MB)	64-Bit Command Line Installer (430 MB)	64-Bit (Power8 and Power9) Installer (276 MB)
Python 2.7	Python 2.7	Python 2.7
64-Bit Graphical Installer (413 MB)	64-Bit Graphical Installer (637 MB)	64-Bit (x86) Installer (477 MB)
32-Bit Graphical Installer (356 MB)	64-Bit Command Line Installer (409 MB)	64-Bit (Power8 and Power9) Installer (295 MB)

Pythonには、Python 2とPython 3がありますが、Python 2は2020年1月1日をもってサポートが終了しています。そのため、Python 3を使うようにしてください。

1-2-2　Anaconda のインストール

では、次にAnacondaをインストールしましょう。先ほどダウンロードしたインストーラを立ち上げ、「Next」「I Agree」（Macの場合は「続ける」「同意する」）ボタンを押して進めていきます。インストール先やインストールオプションを設定することもできますが、特別な理由がない限り、今回はインストーラの推奨環境のまま進めてください。

インストールが終わると、PyCharm IDEの紹介が表示されるので、「Next」（Macの場合は「続ける」）ボタンをクリックします。次の画面が出たらインストール完了です。

▼図 1-4　インストールの完了

Windowsの場合

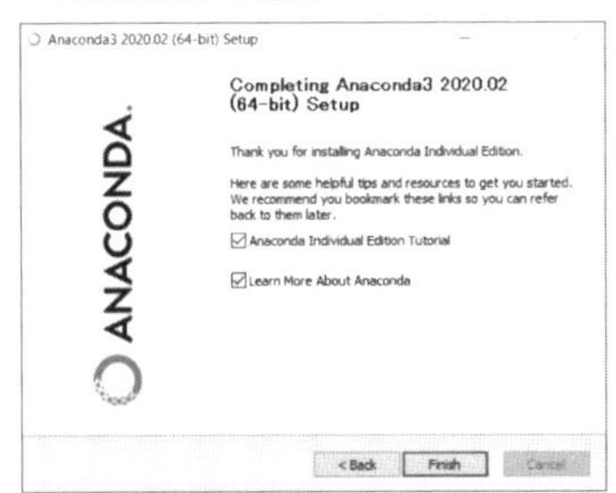

Macの場合

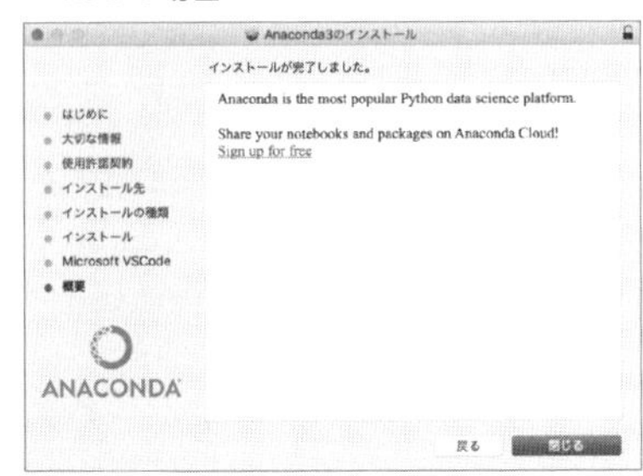

それぞれ「Finish」「閉じる」ボタンでインストーラを終了させましょう。Macの場合、ポップアップでインストーラをゴミ箱に入れるかどうかを確認されるので、「ゴミ箱に入れる」をクリックします。

▼図 1-5　ゴミ箱に入れる

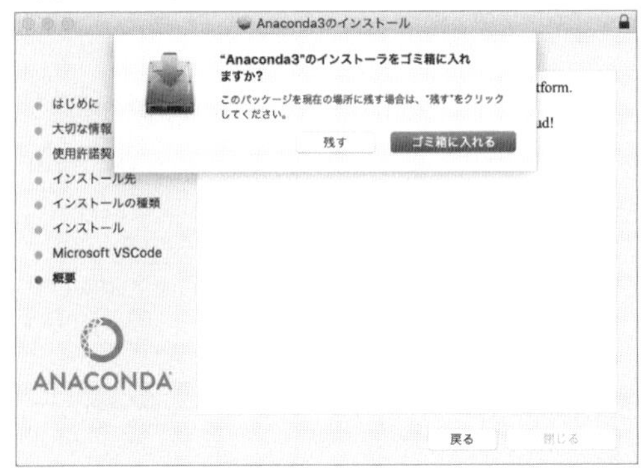

以上で、Anacondaのインストールは完了です。

1-3 Pythonをさわってみよう

Anacondaをインストールしたところで、さっそくPythonをさわってみましょう。ここでは、CUIからPythonを起動する方法を紹介します。CUIとは、Character User Interfaceの略で、テキストを打ち込むことで操作するユーザーインターフェースです。真っ黒な画面に文字を打ち込んでいくアレを想像してください。それに対し、私たちが普段利用するようなポインティングデバイス（マウス）を利用して操作するユーザーインターフェースをGUI（Graphical User Interface）と言います。

1-3-1 CUIの起動

Windowsの場合

「Anaconda PowerShell Prompt」を起動しましょう。Anaconda PowerShell Promptは、[Windows]キーでスタートメニューを開き、続いて「anaconda po」と途中まで入力することで、探し出すことができます。「Anaconda PowerShell Prompt」が表示されたらクリックして起動してください。

▼図 1-6　スタートメニューから Anaconda PowerShell Prompt を選択

Macの場合

「ターミナル」を起動しましょう。ターミナルを起動するには、⌘+space でSpotlight検索を起動し、「ターミナル」と打ち込んでください。もしくは、次の画像のように「Finder」から、「アプリケーション」→「ユーティリティ」→「ターミナル」と選択してもいいでしょう。

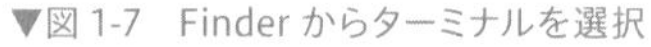
▼図 1-7　Finder からターミナルを選択

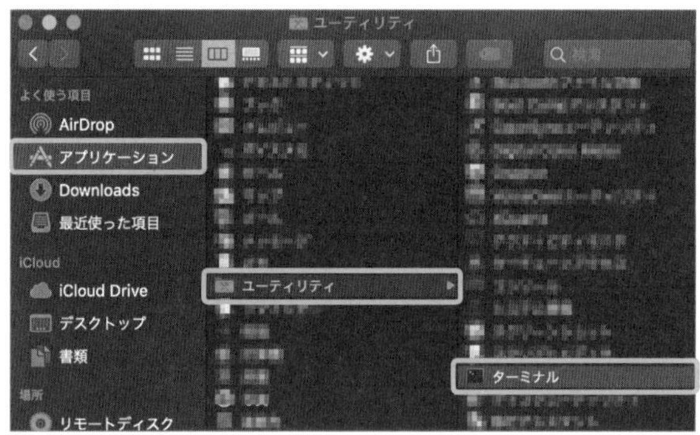

1-3-2 Python の対話モードの起動

Windowsをお使いの方は「Anaconda PowerShell Prompt」、Macをお使いの方は「ターミナル」が起動できたかと思います。では、表示されている「>」(Macの場合は「$」)に続けて、「python」と打ち込んで Enter キーを押してください。次のようにダウンロードしたPythonのバージョンが表示されれば成功です。

```
> python
Python 3.7.6 (default, Jan  8 2020, 20:23:39) [MSC ⏎
v.1916 64 bit (AMD64)] :: Anaconda, Inc. on win32
Type "help", "copyright", "credits" or "license" for ⏎
more information.
>>>
```

では、「>>>」に続けて、「import this」と打ち込み、 Enter キーを押してみましょう。次のような英文が表示されます。これは、1-1節で紹介した「The Zen of Python」の全文です。

```
>>> import this
The Zen of Python, by Tim Peters

Beautiful is better than ugly.
Explicit is better than implicit.
Simple is better than complex.
Complex is better than complicated.
Flat is better than nested.
Sparse is better than dense.
Readability counts.
Special cases aren't special enough to break the rules.
Although practicality beats purity.
Errors should never pass silently.
Unless explicitly silenced.
In the face of ambiguity, refuse the temptation to guess.
There should be one-- and preferably only one --obvious ⏎
way to do it.
Although that way may not be obvious at first unless ⏎
you're Dutch.
Now is better than never.
Although never is often better than *right* now.
```

```
If the implementation is hard to explain, it's a bad idea.
If the implementation is easy to explain, it may be a ⏎
good idea.
Namespaces are one honking great idea -- let's do more ⏎
of those!
>>>
```

Pythonの対話モードを終了するには、「exit()」と打ち込むか、Ctrl+Dを実行します。

1-4 PyCharmを使おう

本書では、これからPythonでプログラミングをするにあたり、多くのPython開発者に愛されている「PyCharm」という開発環境を利用します。開発環境は、プログラムを便利に開発するための環境です。

1-4-1 PyCharmのダウンロード

まずはPyCharmをダウンロードしましょう。PyCharmの公式ページにアクセスしてください。

PyCharm
https://www.jetbrains.com/ja-jp/pycharm/

右下の[X]をクリックしましょう。黒い表示が消えればOKです。その後、画面中央の「ダウンロード」をクリックします。

▼図 1-8　PyCharm 公式トップページ

PyCharmには、有料で高機能のProfessional版[注3]と、無料のコミュニティ版があります。本書では、コミュニティ版を使って解説します。右側の黒い「ダウンロード」ボタンをクリックすれば、PyCharmのダウンロードは完了です。

1-4-2 PyCharmのインストール

PyCharmのインストールは、次のように進めてください。

Windows：インストーラの設定のまま、「Next」ボタンで進めていく
Mac：ポップアップの表示に従い、PyCharmのアイコンをApplicationsにドラッグ＆ドロップする

それでは、PyCharmを起動しましょう。Anaconda PowerShell Promptやターミナルを起動したときと同様に、「PyCharm」を検索して起動してください。PyCharm起動時に、PyCharmを開いてもいいかを確認するポップアップが表示された場合は「開く」をクリックします。図1-9のようにPyCharmの設定ファイルを読み込むかを尋ねられた場合、読み込むファイルはありませんので「Do not import settings」を選択し「OK」ボタンをクリックします。

▼図1-9　Import PyCharm Settings

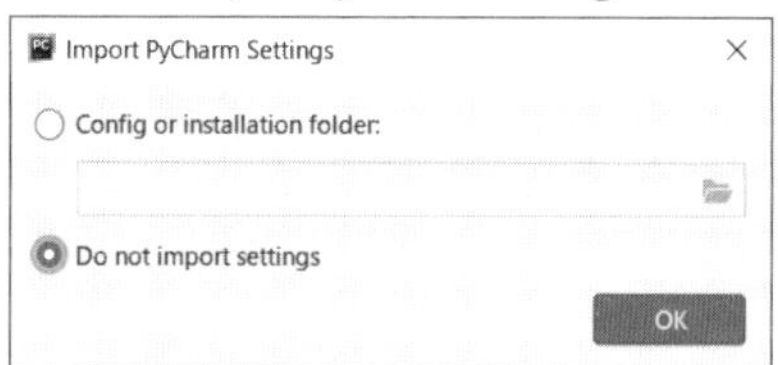

プライバシーポリシーに関する確認が表示されるので、チェックボックスにチェックを入れ、「Continue」をクリックしましょう。

注3　Professional版は、1ヵ月無料でお試しをすることができます。

▼図 1-10　JetBrains Privacy Policy

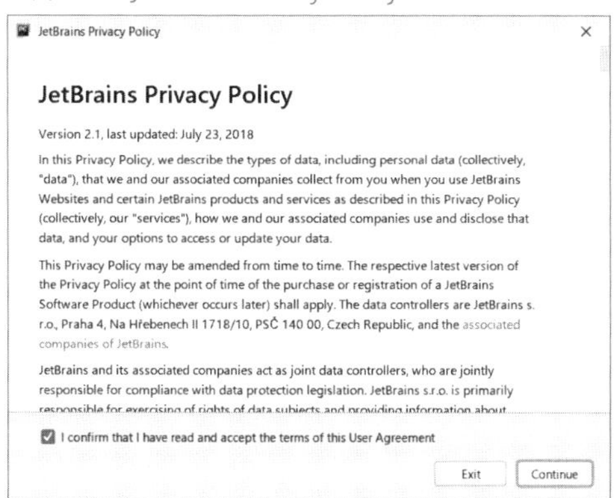

PyCharm改善のためにデータ共有を行っていいかを尋ねるポップアップが表示されます。どちらを選択してもかまいません。

▼図 1-11　DATA SHARING

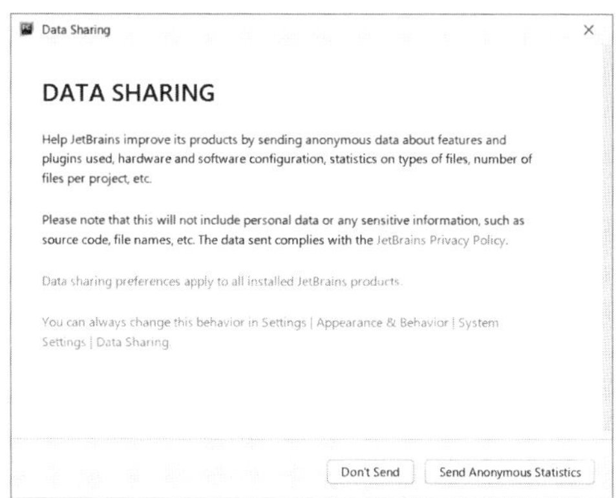

次の画面以降の選択は、すべてデフォルトの設定で問題ないので、画面左下の「Skip Remaining and Set Defaults」をクリックしましょう。

▼図 1-12　PyCharm のカスタマイズ

Windowsの場合

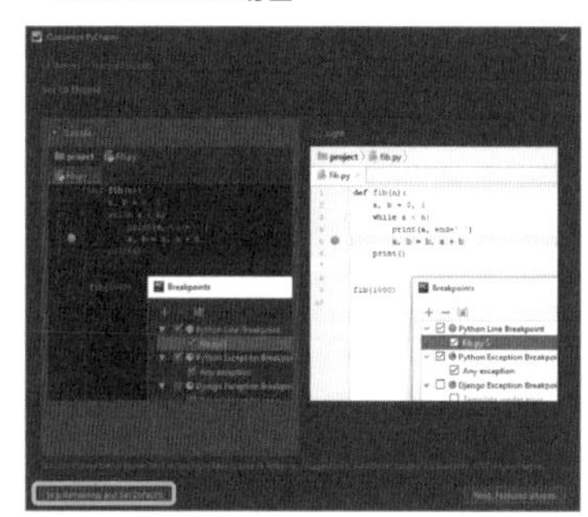

Macの場合

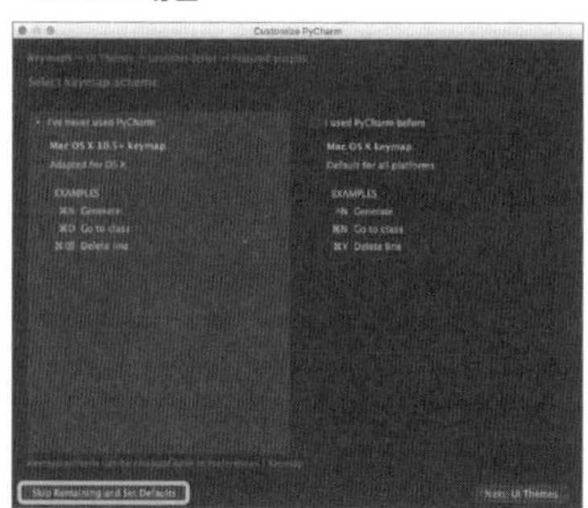

PyCharmのインストールが開始するまで、しばらく待ちましょう。これで、PyCharmのインストールは完了です。

1-4-3 PyCharm を日本語で利用する

PyCharmデフォルトの表示言語は英語です。しかしオープンソースとして公開されている、Pleiades[注4]というツールを利用することでメニューを日本語に変換できます。日本語設定を行うかは読者のみなさんの任意ですが、本書ではPleiadesでメニューを日本語化した前提で解説を行います。

Pleiadesプラグインのダウンロード

次のページにアクセスし、ご利用のOSのPleiadesプラグインをダウンロードしてください。

MergeDoc Project
https://mergedoc.osdn.jp/#pleiades.html#PLUGIN

注4　https://pleiades.io/

▼図 1-13　Pleiades プラグインのダウンロード

Pleiades のインストール

ダウンロードしたZIPファイルを開き、それぞれ次のようにしてインストーラを起動します。

- Windows：ダウンロードした「pleiades-win.zip」を右クリックして「すべて展開」を選択する。展開された「pleiades-win」フォルダ内の setup.exe を開く
- Mac：setup.app を開く。図 1-14 が表示されたら、一度「キャンセル」を押す。

▼図 1-14　警告その 1

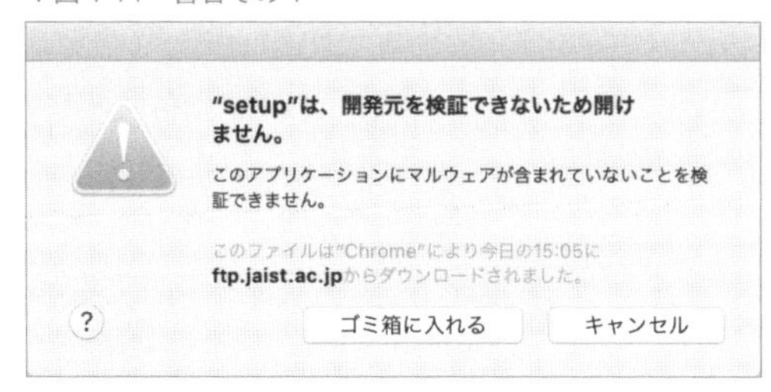

その後、⌘キーを押しながら setup.app をクリックし「開く」を選択すると、画面表示が図 1-15 のようになるので「開く」を選択する。

▼図1-15　警告その2

インストーラが起動したら、日本語化するアプリケーションとしてPyCharmを選択し、「日本語化する」を選択してください。

▼図1-16　Pleiades日本語化プラグインのセットアップ

処理が完了したら、「終了」をクリックしてください。これで、PyCharmの日本語化は完了です。

1-4-4　インタープリターの設定

続いて、インタープリターを設定しましょう。PyCharmではPythonインタープリターを設定することで、指定したPythonを利用することができます。ここでは、1-2節でインストールしたAnacondaの

Pythonを指定しましょう。なお、AnacondaでPythonをインストールしていない方は、本項をスキップしてください。

画面右下の「構成」から「設定」を選択します。

▼図 1-17　設定を開く

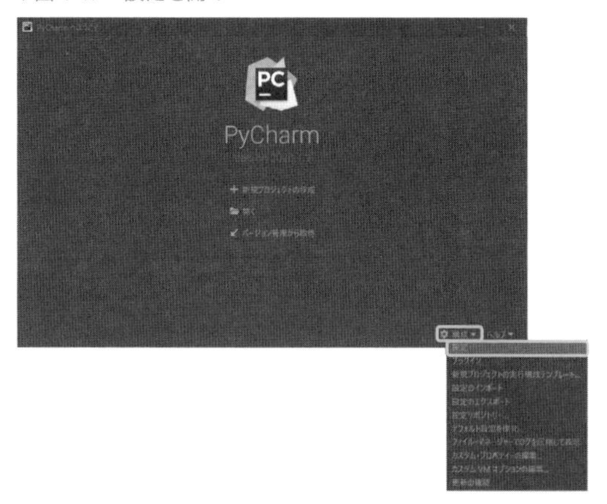

左側のメニューにある「プロジェクト・インタープリター」をクリックし、次に、画面右上にある歯車のアイコンから「追加...」を選択します。

▼図 1-18　プロジェクト・インタープリター

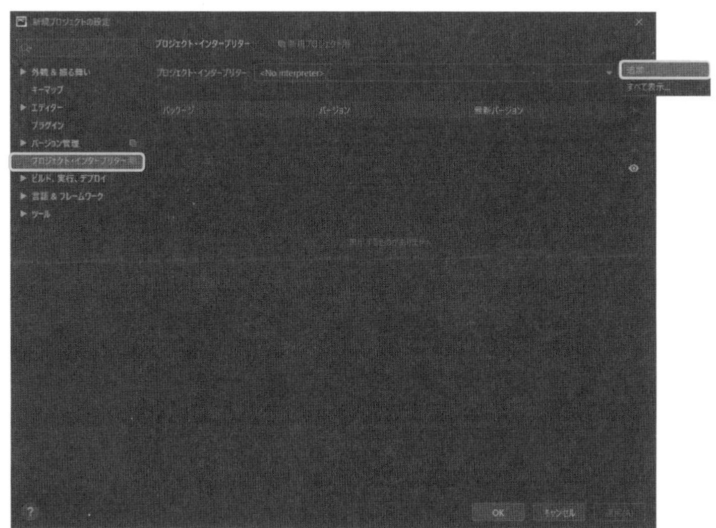

　すると、新しいウィンドウが立ち上がります。左側のメニューから「System Interpreter」をクリックしたあと、画面右上の「...」をクリックしましょう。新しいメニューがさらに立ち上がるので、それぞれ次のように操作してください。

Windows：「C:\Users\ <アカウント名> \anaconda3\python.exe」を選択。このパスは、コマンドプロンプトを開き「where python」を実行すると表示されるので、コピー&ペーストしてもいい

Mac：「/Users/< アカウント名 >/opt/anaconda3/bin/python」を選択。このパスは、ターミナルを開き「which python」を実行すると表示されるので、コピー&ペーストしてもいい

　選択が完了したら、「OK」ボタンをクリックします。

▼図 1-19　インタープリターの選択

Windowsの場合

Macの場合

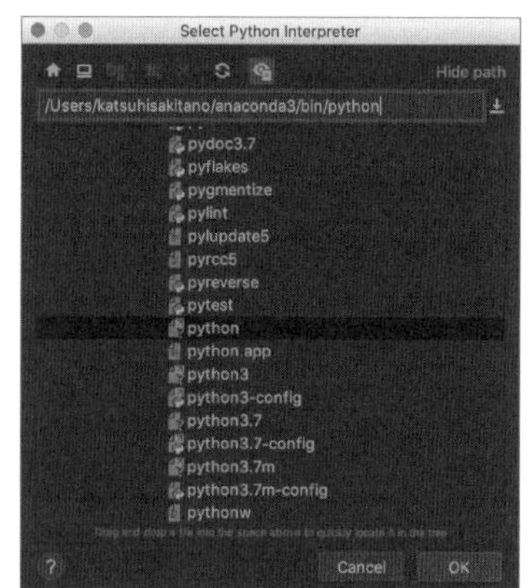

　再度「OK」をクリックしましょう。インタープリターがアップデートされるので、しばらくお待ちください。次の画面のようになれば、インタープリターの設定は完了です。

▼図 1-20　設定完了

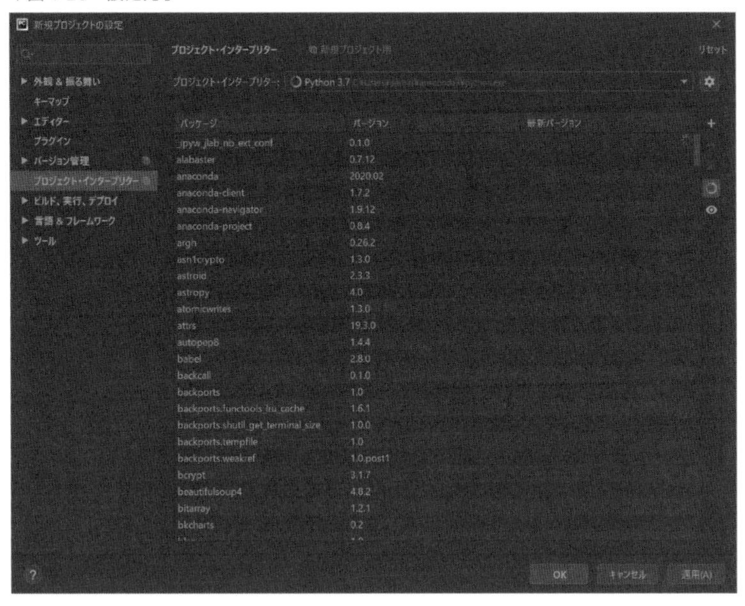

「OK」ボタンで設定を終了します。

1-4-5　「hello world」と表示するプログラムの作成

さて、ようやくPyCharmで開発する準備が整いました。それではさっそく、画面に「hello world」という文字列を表示するプログラムを書いてみましょう。

まずは、新しいプロジェクトを作成します。「新規プロジェクトの作成」をクリックしてください。

▼図1-21　新しいプロジェクトを作成

「新規プロジェクト」ウィンドウが表示されます。ロケーションとは、プロジェクトファイルを保存する場所です。「untitled」と表示されている部分を「sample」と書き換えましょう。これで、PyCharmProjectsの中にsampleという名前のフォルダを作成できます。

既存インタープリター[注5]にチェックを入れ、1-4-4項で設定したインタープリターになっているか確認できたら、「作成」をクリックしましょう。

注5　Anaconda以外の方法でPythonをインストールした方は、インタープリターの確認を行う必要はありません。デフォルトの設定のままお使いください。

▼図1-22 新規プロジェクト

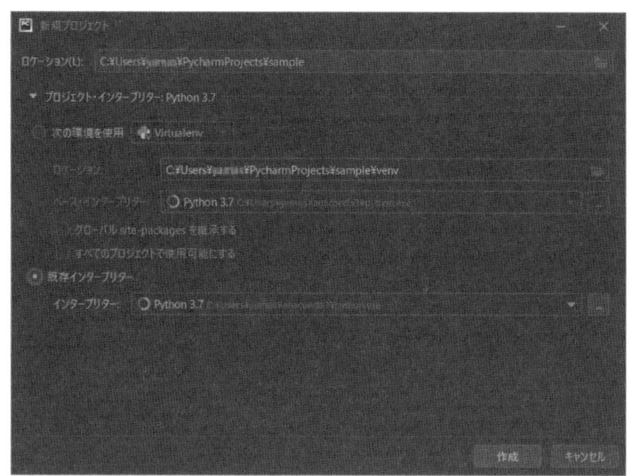

これで、Pythonファイルを保存するフォルダが作成できました。

次に、プログラムコードを書くためのPythonファイルを用意します。画面左上の「sample」を右クリックし、「新規」から「Pythonファイル」をクリックしましょう。

▼図1-23 Pythonファイルの作成

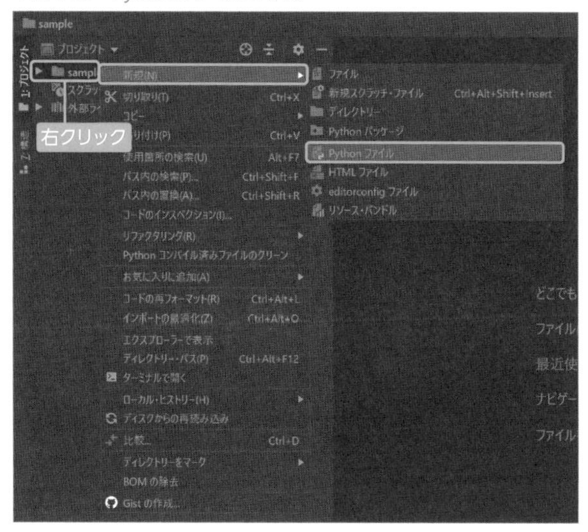

ファイル名を「hello_world」として、[Enter]キーを押します（Macの場合は、「OK」ボタンをクリックします）。

▼図 1-24　ファイル名を設定

すると、「sample」の下の階層に「hello_world.py」が生成されたことが確認できます。「hello_world.py」をダブルクリックして、右側の画面に次のようにコードを入力してください。

```
print('hello world')
```

これで、プログラムは完成です。

では、Pythonファイルを実行してみましょう。コードを入力した画面で右クリックすると、メニューが表示されるので、「実行 'hello_world'」をクリックします。あるいは、[Ctrl]＋[Shift]＋[F10]（Macでは[ctrl]＋[option]＋[R]）キーのショートカットでも実行できます。

▼図 1-25　プログラムを実行

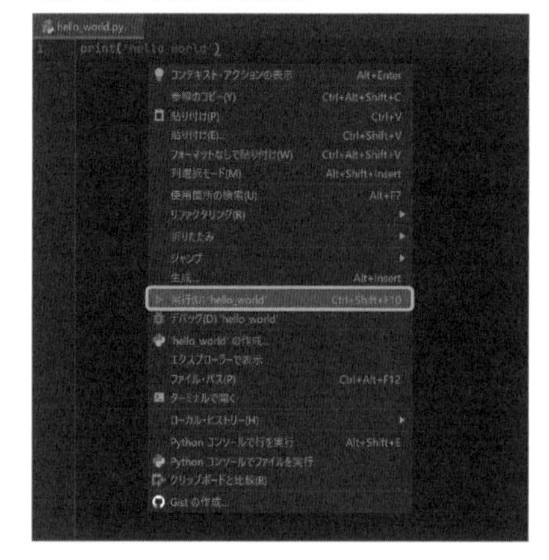

画面下部に、「hello world」が表示されれば成功です。「プロセスは終了コード0で完了しました」は、プログラムが正常終了した際に出力されるメッセージです。とくに気にする必要はありません。

▼図1-26　「hello world」の表示

PyCharmは、ほかのアプリケーションと同様に、閉じるボタン（Windowsなら右上の×、Macなら画面左上の×）から終了します。PyCharmを終了し、再度PyCharmを開くと、前回まで使用していたプロジェクトが立ち上がります。立ち上げ時の画面に戻りたい場合は、「ファイル」→「プロジェクトを閉じる」をクリックします。ここで左側のプロジェクト名を選択すると、再びプロジェクトに戻ります。

▼図1-27　プロジェクトを開き直す

次章以降では、新規にPythonファイルを作成して、プログラムを実行する流れの説明は省略します。もし忘れてしまった場合は、本章に戻ってきてください。

PyCharmをすぐ呼び出せるようにしておこう

今後、PyCharmを何度も呼び出すことになります。そこで、かんたんにPyCharmを起動できるようにしておきましょう。

Windowsの場合

PyCharmを起動した状態で、タスクバーのPyCharmアイコンを右クリックすると「タスクバーにピン留めする」ことができます。以降は、タスクバーのアイコンをクリックすることで、PyCharmを起動することができます。

▼図 1-28　PyCharm をタスクバーに追加

Macの場合

PyCharmを起動した状態であれば、Mac画面下部もしくは左右いずれかにカーソルを移動すると、DockにPyCharmのアイコンが表示されていると思います。アイコンを右クリックし、「オプション」→「Dockに追加」をクリックすればOKです。

▼図 1-29　PyCharm を Dock に追加

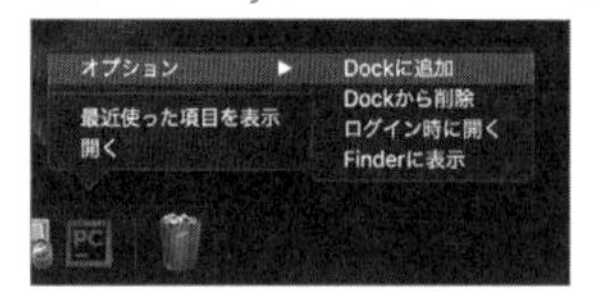

第2章

Pythonを動かしてみよう

第2章では、プログラムを動かすためのいろいろな書き方を紹介します。プログラミングは、英語や筋トレのように本を読むだけでは上達しません。手を動かしながら覚えていきましょう。

2-1 Pythonのきほん

2-1-1 データの性質

さっそくですが、1-4-5項同様に「sample」を右クリック→「新規」→「Pythonファイル」で「one.py」というPythonプログラムを作成し、次のコードを書いてください。書き終わったら実行してみましょう。

▼プログラム 2-1　1を表示する（one.py）

```
01  print(1)
```

▼実行結果

```
1
```

さて、ここで「one.py」と、前章で作成した「hello_world.py」とを比べます。

▼プログラム 2-2　再掲：hello world を表示する（hello_world.py）

```
01  print('hello world')
```

▼実行結果

```
hello world
```

2つのプログラムを比べると、出力する文字を囲う「'」の有無が違うことがわかります。プログラム 2-2では出力する文字を「'」で囲んでいるのに対し、プログラム 2-1ではprint()の中に数字をそのまま書いています。

この違いには、**データ型**が関係しています。データ型とは、データを性質ごとに分類したものです。「a」や「hello world」といった「文字列（1つ以上の文字の羅列）」はstr型（stringの省略形）、「1」や「－500」といった「整数」はint型（integerの省略形）のように使い分けます。str型は「'」（シングルクォーテーション）もしくは「"」（ダブルクォーテーション）で囲う必要がありますが、int型は不要です。データ型はほかにもいくつかあるので、使い方を確認しておきましょう。順を追って説明するので、今の時点ですべてを覚えていただく必要はありません。

▼表 2-1　主要なデータ型

データ型	概要	例
str	文字列	'abc'、"hello world"
int	整数	1、－500
float	浮動小数点	1.23
bool	真偽値(2-2-1項参照)	True ／ False
datetime	日付(2-6-2項参照)	datetime.datetime(2020, 2, 10, 9, 20, 30) ※「2020-02-10 09:20:30」を意味する
list	リスト(2-3-1項参照)	[1, 2, 3]
tuple	タプル(2-3-2項参照)	(1, 2, 3)、1, 2, 3
dict	辞書(2-3-3項参照)	{'a': 1, 'b': 2}

2-1-2　オブジェクトと関数

プログラムの構造を理解するため、もう少し「hello_world.py」について掘り下げていきます。「print('hello world')」は「'hello world'」と「print()」の2つに分解できます。この場合「'hello world'」をオブジェクト、「print()」を関数と呼びます[注1]。

オブジェクト

オブジェクトは日本語で「もの」を意味し、「データ型」や「値」といった要素で構成されます。先ほど説明したとおり、「データ型」はデータを性質に応じて分類したものでした。そして「値」はデータそのもののことです。'hello'というオブジェクトは、データ型がstr型で、値がhelloとなります。

注1　実は、Pythonではすべてのデータがオブジェクトであるため、関数もオブジェクトの一種なのですが、今の時点ではあまり気にする必要はありません。

Python 公式ドキュメント -「3.1. オブジェクト、値、および型」
https://docs.python.org/ja/3/reference/datamodel.html

関数

関数は、入力値（プログラミングの世界では引数と呼びます）を与えると何らかの処理を実行し、出力値を返すものです。

▼図 2-1　関数の役割

ただし、必ずしも出力があるとは限らないことに注意してください。入力に対して処理を実行して、何も出力せずに終了する関数もあります。たとえばプログラム 2-2、「hello_world.py」で利用している **print() 関数**は、入力を画面に表示する処理を行う関数ですが、出力はありません[注2]。

2-1-3 計算してみよう

データ型とオブジェクト・関数の存在を知ったところで、さっそく算術演算を行うプログラムを書いていきます。

▼プログラム 2-3　1 + 2 を計算する（calc.py）

```
01  print(1+2)
```

▼実行結果

```
3
```

1 + 2の計算結果を、print() で画面に表示しました。このように Pythonでは、計算をするために次の算術演算子を使うことができます。

注 2　画面に表示するという処理と、関数の出力があることは同義ではありません。関数の出力については、2-5 節「定義した処理を実行する」（p68）で詳しく解説します。

▼表 2-2 Pythonで使える算術演算子

演算子	意味
+	足し算
-	引き算
*	掛け算
/	割り算
//	割り算(切り捨て)
%	割り算の余り
**	累乗

1＋2だけではつまらないので、もう少し複雑な計算もやってみましょう。

▼プログラム 2-4 より複雑な算術計算（calc2.py）

```
01  print(1+2*2)
02  print((1+2)*2)
```

▼実行結果

```
5
6
```

1行目では掛け算「2*2」が先に計算され、2行目では（）で囲まれた「1+2」が先に計算されています。つまり、Pythonの計算順序は四則演算の優先順位と同じであることがわかります。

1. （）内の計算
2. 掛け算と割り算
3. 足し算と引き算

2-1-4 異なるデータ型同士の計算

計算ができるのは、整数型だけではありません。文字列同士も、足し算が実行できます。

▼プログラム 2-5　文字列型同士の足し算 (calc_string.py)

```
01  print('hello ' + 'world')
```

▼実行結果

```
hello world
```

しかし、次の場合はエラーになります。

▼プログラム 2-6　異なる型の計算によるエラー (error_calc_string.py)

```
01  print('1' + 2)
```

▼実行結果

```
TypeError: can only concatenate str (not "int") to str
```

TypeErrorは、**エラーメッセージ**です。この文章をそのまま翻訳すると、「("int"ではなく) strのみをstrに連結できます」となります。つまり、整数型と文字列型は連結できないことを意味します。異なるデータ型を計算したい場合は、データ型を変換する必要があります。

表2-3は、データ型を変換する関数の例です。

▼表 2-3　データの型を変換する関数

関数名	意味
int()	型を整数型に変換
str()	型を文字列型に変換

今回の場合は、文字列型を整数型に変換、もしくは整数型を文字列型に変換することで計算が実行できます。では、型を変換後の計算結果を見てみましょう。

▼プログラム 2-7　型を変換し計算する (conversion_type.py)

```
01  print(1 + int('2'))
02  print('1' + str(2))
```

▼実行結果

```
3
12
```

1行目は整数として足し算を、2行目は文字列として[注3]連結が行われました。このようにデータ型が同じでないと実行できない処理がある場合は、型を変換するのがポイントです。

2-1-5 オブジェクトを操作する

print()の表示結果を少し変化させてみましょう。

▼プログラム 2-8　文字列を大文字にする (upper_string.py)

```
01　print('hello world'.upper())
```

▼実行結果

```
HELLO WORLD
```

hello worldがすべて大文字になりました。'hello world'という文字列オブジェクトのあとに、「.upper()」と書かれています。これはすべての英字を大文字に変換するupper()という**メソッド**です。メソッドは、オブジェクトが自身に対する操作を行うもので、オブジェクトのあとに「.」(ドット) をつけることで呼び出せます。そのほかにもさまざまなメソッドがあるので、順次紹介していきます。

メソッドは、データ型と密接に関係している点をおさえておきましょう。たとえば整数型のオブジェクトは、upper()メソッドを実行できません。整数には大文字という概念が存在しないからです。

注3　整数型を文字列型に変換するには、formatメソッドを使う方法も存在します。5-2-4項のコラム「formatメソッドで文字列に変数を埋め込む」(p156) を参照してください。

2-1-6 同じオブジェクトを使いまわす

同じオブジェクトを何度も呼び出す場合は、オブジェクトに名前をつけることができます。この名前のことを**変数**と言い、1字以上の名前で表します。変数は、オブジェクトにつける名札のようなものです。

変数への代入は、代入演算子「=」をプログラム2-9のように使います。ちなみに数学における等号の意味をもつ「=」は、Pythonでは「==」です。比較演算子については、2-2-1項「条件を判定する」(p49) で詳しく説明します。

▼プログラム2-9　変数を使用する (var_string.py)

```
01  hi = 'hello'
02  print(hi)
03  hi = 'hey'
04  print(hi)
```

▼実行結果

```
hello
hey
```

1行目で'hello'という文字列オブジェクトをhiという変数に格納し、2行目でhiの中身を画面に表示させました。また、3行目で'hey'をhiに格納し、hiの中身を上書きしました。このように、変数を上書きすることで、中身を書き換えることもできます。

変数の使いどころ

変数には、何度も使いまわす値を格納しておくといいでしょう。変数を利用しないままプログラムを書き続けると、特定の値を変更したい際に複数箇所を修正する必要があります。もし1箇所でも修正漏れがあれば、プログラムはバグを生むかもしれません。変数を正しく活用すれば、あとから修正しやすいプログラムを書くことができます。

2-2 ある条件で処理を分ける

特定の条件に応じて、プログラムの実行内容を変更することができます。これを**条件分岐**と言います。条件分岐というと難しそうに聞こえますが、「晴れだったら外で遊ぶ、雨だったら室内で遊ぶ」と同じです。

▼図 2-2　日常生活でよくある条件分岐の例

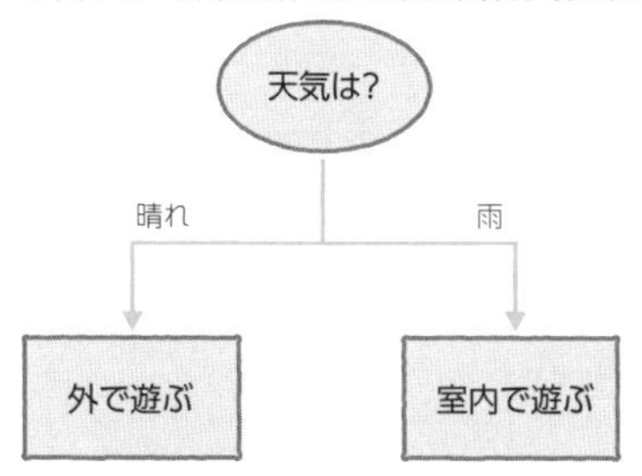

2-2-1 条件を判定する

条件を判定するためには、次のような**比較演算子**というものを使います。

▼表 2-4　さまざまな比較演算子

記号	意味
<	左辺が右辺より小さい場合にTrue
<=	左辺が右辺以下の場合にTrue
>	左辺が右辺より大きい場合にTrue
>=	左辺が右辺以上の場合にTrue
!=	左辺と右辺が一致しない場合にTrue
==	左辺と右辺が一致すればTrue

さっそくですが、次の例をご覧ください。

▼プログラム 2-10　1と2の大きさを比較する（gtlt.py）

```
01  print(1 < 2)
02  print(1 > 2)
```

▼実行結果

```
True
False
```

「<」は左辺が右辺より小さいかどうかを判断し、「>」は左辺が右辺より大きいかどうかを判断します。結果が正しければTrue、正しくなければFalseという結果が返ります。TrueやFalseは**真偽値**と呼ばれ、条件の判定結果を表します。真偽値はbool型のオブジェクトで、文字列型ではないので注意してください。

プログラムの例に戻ると、1＜2は正しいのでTrue、1＞2は正しくないのでFalseになっています。

2-2-2　条件に応じて処理をする

判定した条件に応じて処理を実行するにはどうすればいいでしょうか。300円より多くお金をもっていたら卵と牛乳を、300円以下しかもっていない場合は牛乳だけ購入することを勧めるプログラムを考えてみましょう。

▼図 2-3　所持金に応じた処理の分岐

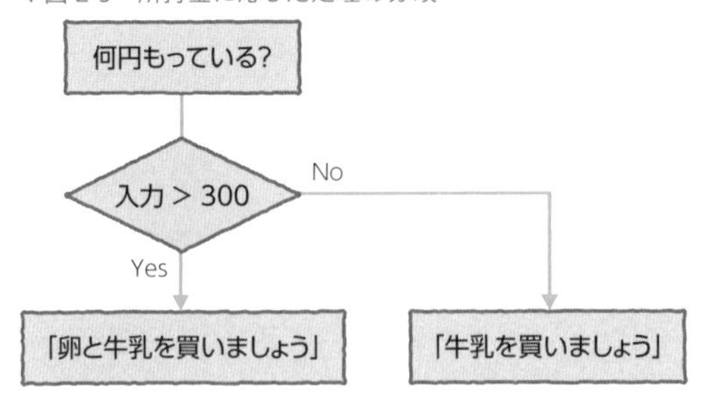

▼プログラム 2-11　条件分岐でお買い物をする（if.py）

```
01  money = int(input('何円もっている？：'))
02  if money > 300:
```

```
03        print('卵と牛乳を買いましょう')
04    else:
05        print('牛乳を買いましょう')
```


▼実行結果

```
何円もっている？：
```

「何円もっている？：」に続けて、数字を入力しましょう。「200」を入力して Enter キーを押すと、「牛乳を買いましょう」と出力されます。再度プログラムを実行し「400」を入力すると、「卵と牛乳を買いましょう」と出力されるはずです。

それでは、プログラム2-11の中身を詳しく見ていきましょう。

ユーザー入力値の受け取りと型変換

1行目では、大きく分けて3つの処理を行っています。

1. いくらお金をもっているかをプログラムの利用者に聞く
2. ユーザーが入力した値(文字列型) と 300(整数型) を比較するためにデータ型を変換する
3. 整数型に変換した入力値を変数 money に入れる

「いくらもっているかをプログラムの利用者に聞く」ために、**input()関数**を使用しています。input()関数はユーザーの入力を受け取るための関数で、入力された値を文字列型オブジェクトとして受け取ります。次に、input()関数で受け取ったお金を、int()関数を使って整数型に変換しています。文字列型と整数型はそのままでは比較できないからです。最後に、整数型に変換した値を変数moneyに格納しています。

if文の使い方

2行目は、ifにつづけて「入力値が 300 より大きい」という条件式(**if文**と呼ばれます) が書かれています。これは、英語の「もし〜ならば」と同じ意味です。

```
if 条件式:
    条件式がTrueのときの処理
else:
    条件式に当てはまらなかったときの処理
```

elseは「それ以外」という意味で、ifの条件に当てはまらなかった場合に実行されます。ちなみにelseは省略が可能です。

if 条件式の次の行を見ると、半角スペースで字下げされていることがわかります。これを**インデント**といい、Pythonの場合は処理内容に影響する大事なポイントです。PyCharmをお使いの方は、「if 条件式:」まで書き終えて改行すると、自動でインデントが挿入されます。また、このインデントを下げた部分は、**ブロック**と呼ばれます。

▼図2-4　インデントとブロック

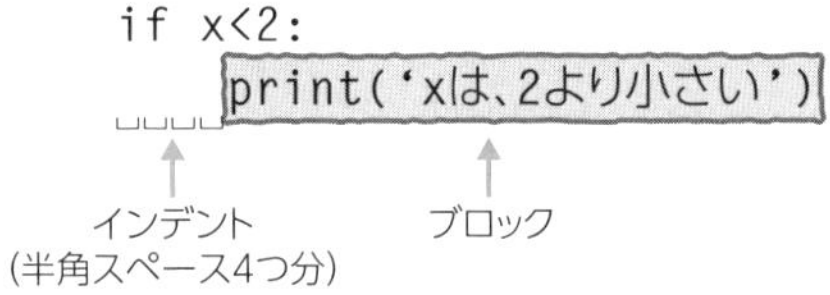

```
if x<2:
    print('xは、2より小さい')
```

インデント（半角スペース4つ分）

ブロック

elifの使い方

これまでの条件に加え、500円より多くお金をもっている場合は、パンの購入も勧める条件分岐も考えてみましょう。

▼図2-5　if2.pyの処理

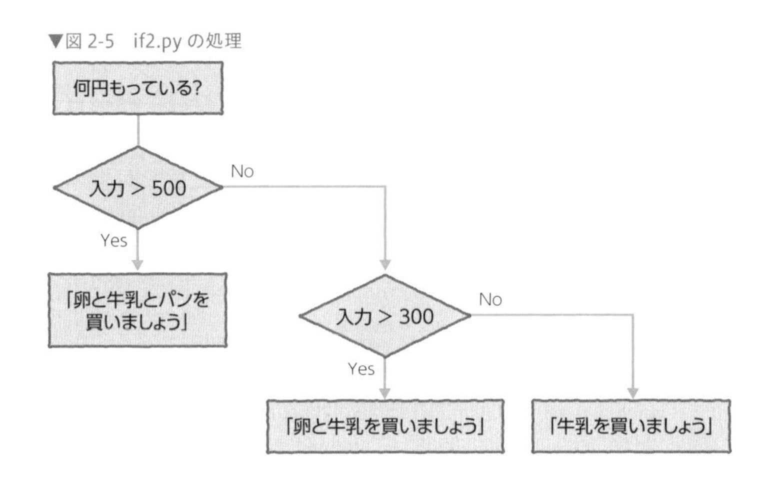

▼プログラム 2-12　条件分岐でお買い物をするプログラム 2（if2.py）

```
01  money = int(input('何円もっている？：'))
02  if money > 500:
03      print('卵と牛乳とパンを買いましょう')
04  elif money > 300:
05      print('卵と牛乳を買いましょう')
06  else:
07      print('牛乳を買いましょう')
```

▼実行結果

```
何円もっている？：
```

今回も「何円もっている？：」に続けて数字を入力しましょう。「200」を入力すると「牛乳を買いましょう」と出力されます。再度プログラムを実行し「400」を入力すると「卵と牛乳を買いましょう」、「600」を入力すると「卵と牛乳とパンを買いましょう」と出力されます。

elifは、else ifの略です。if条件式に当てはまらなかった場合に、elifに続く条件式の比較を行います。結果がTrueの場合、中のブロックの処理を行います。なお、elifは次のようにいくつも書くことができます。

```
if 条件式1
elif 条件式2
elif 条件式3
：
else:
```

2-3 オブジェクトをひとまとまりで扱う

ここまでのプログラムでは、「money = 200」のように1つの変数に1つのオブジェクトのみを格納していましたが、複数のオブジェクトをひとまとまりで扱うほうが便利な場面もあります。たとえば、スーパーに行ったときのことをイメージしてみてください。レジには買いたいものを1つずつもっていくのではなく、買い物かごごともっていきますよね。

プログラムの場合、オブジェクトの集まりを扱うためには、「データ構造」という一定の系統に基づいてオブジェクトを格納する仕組みが使われます。Pythonのデータ構造には、オブジェクトを一列に並べて扱うリスト型、タプル型のほか、名前と値を組で扱う辞書型などがあります。それぞれのデータ構造自体も、1つのオブジェクトとして扱うことができます。

2-3-1 中身をあとから変更できるリスト型

リスト (list) **型**は、次のように[ ] で囲んで表します。

```
[]
[1]
[1, 2, 3]
['apple', 'orange' ,'banana']
```

[]の中にオブジェクトがあり、オブジェクトが複数ある場合は「,」(カンマ) で区切ります。[]の中のオブジェクトを要素と呼びます。また、1行目のように、中にオブジェクトが存在しなくてもかまいません。そして、リスト自体も1つのオブジェクトなので、[[1, 2], [3, 4]]のようにリストの中にリストを入れることもできます。

インデックス

リストは、**インデックス**をもっています。インデックスは、データ構造内での要素（オブジェクト）の位置を示します。「リスト型オブジェクト[インデックス]」という形式で、中のオブジェクトを指定することができます。なお、最初の要素のインデックスが1ではなく0であることに注意してください。

▼プログラム 2-13　インデックスの使い方（list.py）

```
01  fruits = ['apple', 'orange', 'banana']
02  print(fruits[0])
03  print(fruits[1])
04  fruits[1] = 'grape'
05  print(fruits)
```

▼実行結果

```
apple
orange
['apple', 'grape', 'banana']
```

プログラム2-13では、インデックス0がappleで、インデックス1がorangeです。4行目では、インデックスを指定し、オブジェクトを入れ替えています。実行結果の最終行を見ると、インデックス1の要素だったorangeがgrapeに入れ替わっていることがわかります。

リストにオブジェクトを追加する

リストには新しいオブジェクトを追加することができます。

▼プログラム 2-14　リストに新しいオブジェクトを追加（list2.py）

```
01  fruits = ['applc']
02  fruits.append('orange')
03  print(fruits)
```

▼実行結果

```
['apple', 'orange']
```

変数fruitsは、str型オブジェクトappleが格納されたリストです。リスト型のオブジェクトがもつ**append()メソッド**を使うことで、リストに新しいオブジェクトを追加することができます。今回の場合は、appleしか格納されていなかったfruitsリストにorangeを追加しています。

リストからオブジェクトを取り出す

反対に、リストからオブジェクトを取り出したい場合は**pop()メソッド**を使います。pop()は、()の中にインデックスを指定して要素を取り出します。たとえば「fruits.pop(1)」とすると、インデックス1であるorangeが取り出されます。プログラム2-15のようにインデックスを指定しない場合は、最後のオブジェクトが取り出されます。

▼プログラム2-15　リストからオブジェクトを取り出す（list3.py）

```
01  fruits = ['apple', 'orange', 'banana']
02  my_fruit = fruits.pop()
03  print(my_fruit)
04  print(fruits)
```

▼実行結果

```
banana
['apple', 'orange']
```

リストの中のデータを確認する

「オブジェクト　in　リスト」の形式で、リストの中にオブジェクトが存在するかを判定できます。

▼プログラム2-16　リストの中のデータを確認する（list4.py）

```
01  fruits = ['apple', 'orange', 'banana']
02
03  if 'apple' in fruits:
04      print('appleあります！')
05  else:
06      print('appleありません！')
07
08  if 'grape' in fruits:
```

```
09        print('grapeあります！')
10    else:
11        print('grapeありません！')
```

▼実行結果

```
appleあります！
grapeありません！
```

今回の場合は、次のような判定結果になります。

- 'apple' in fruits：fruitsリストにappleが含まれているので、True
- 'grape' in fruits：fruitsリストにgrapeが含まれていないので、False

そのほか、「オブジェクト not in リスト」の形式で、リストの中にオブジェクトが存在しないことを判定することもできます。

2-3-2 中身をあとから変更できないタプル型

タプル（tuple）型も、リスト型と同じくオブジェクトを複数格納するためのもので、中の値を読み込むことができます。リスト型との違いは、一度タプルをつくると、格納されている要素やその順番をいっさい変更できない点です。

ミュータブルとイミュータブル

「格納されている要素や順番を変更できない」のはなぜでしょうか。プログラミングの世界には、ミュータブルとイミュータブルという言葉があります。ミュータブルは、作成後に変更可能であることを示します。

2-3-1 項で解説したリスト型はミュータブルです。一方、イミュータブルは作成後に変更不可能です。

なぜ、変更不可能である必要があるのでしょうか。一言でいうと、誤って値を上書きしないようにしておくことで、バグを減らすことができるからです。本書では今までのところ、見通しの良い小さなプログラムを書いていますが、今後、より複雑なプログラムを書いていくことになります。すると、プログラムを誤って更新してしまう可能性が高まります。誤ってプログラムを書き換えたときには、プログラムはそのまま後続の処理を進行せず、エラーになってくれるほうが望ましいです。そうすれば間違いにすぐ気づけますし、そもそも誤った処理を実行するくらいであれば、何もしないほうがマシな場合も多いからです。

タプルの例を見てみましょう。以下はすべてタプル型です。

```
()
(1, 2)
(1,)
1, 2
1,
```

タプルは、() で囲んで定義することができます。また、リストと同じく複数のオブジェクトを中に格納する場合は「,」で区切ります。1 つの要素だけをもつタプルを定義したい場合、3 行目のように「,」をつけておくことで、タプルとして取り扱うことができます。また、4、5 行目のように「()」がなくても「,」があればタプルとして扱うことができます。いずれにせよ、複数のオブジェクトを「,」で区切ればタプルになることを覚えておいてください。

タプルを使ったプログラムの具体例は次のとおりです。

▼プログラム 2-17　タプルの使用（tuple.py）

```
01  sample_tuple = (100, 200)
02  x, y = sample_tuple
03  print(x)
04  print(y)
```

▼実行結果

```
100
200
```

sample_tupleの中身を展開してx、yに代入しています。すると、xとyはそれぞれ100と200になります。

タプルのアンパッキング

タプル型に格納されている要素を、複数の変数に展開し代入することができます。これを**アンパッキング**といいます。

プログラム2-17を少し書き換えます。

▼プログラム 2-18　タプルのアンパッキング（tuple2.py）

```
01  x, y = 100, 200
02  print(x)
03  print(y)
```

▼実行結果

```
100
200
```

先ほど使っていたsample_tupleを使わずに、直接xとyに代入するようにしました。また、()がなくともタプルであることに変わりはないので、取り除きました。すると、「x, y = 100, 200」というシンプルな変数の代入になりました。これは、複数の変数に同時に代入を行っているので、**多重代入**と呼びます。ほかの多くのプログラミング言語でも同様の変数定義を行うことができます。参考書によっては「x, y = 100, 200と書くことができる」とだけ紹介されることもありますが、Pythonにおける多重代入は、タプルの展開であることをおさえておいてください。

2-3-3 キーと値をセットで扱う辞書型

辞書（dict）型も、同じくオブジェクトを複数格納するためのものです。リスト型やタプル型は、インデックスで要素を取り出しますが、辞書型では、オブジェクトに対応する**キー**を指定して値を取り出します。また、キーに対応するオブジェクトを**バリュー**と呼びます。実際の辞書型を見てみましょう。

```
{}
{'tea': 100}
{'tea': 100, 'coffee': 200}
```

辞書型は、{}で囲んで表します。また、先ほど紹介したキーとバリューの対応を「キー：　バリュー」のように表現します。キーとバリューの組み合わせを複数格納する場合は、リストやタプルと同じように「,」で区切ります。

●キーを指定する

辞書型の値（バリュー）を参照するには、「辞書名[キー]」で指定します。次のプログラムを見てください。

▼プログラム 2-19　辞書の使用（dict.py）

```
01  my_dict = {'tea': 100, 'coffee': 200}
02  print(my_dict['tea'])
03
04  my_dict['milk'] = 300
05  print(my_dict)
```

▼実行結果

```
100
{'tea': 100, 'coffee': 200, 'milk': 300}
```

1行目でキー「tea」にバリュー「100」を設定し、2行目でteaのバリューを出力しています。

辞書に新しいキー、バリューを追加するには「辞書名[追加したいキー]=追加したいバリュー」と書きます。4行目と5行目により、新しく追加した「'milk': 300」が出力されています。ちなみに、この操作ができる（=あとから書き換えることができる）ことから、辞書型はミュータブルであることもわかります。

辞書の中のデータを確認する

辞書の中のデータは、次のように確認できます。

▼プログラム 2-20　辞書の値を確認する（dict2.py）

```
01  my_dict = {'tea': 100, 'coffee': 200, 'milk': 300}
02  print('tea' in my_dict)
```

▼実行結果

```
True
```

辞書のキーは、「期待するキー名　in　辞書名」で存在を確認できます。リストの中のデータを確認するときの「オブジェクト in リスト」とほぼ同じです。

2-4 同じ処理を繰り返し行う

データ構造などからデータを取り出し、繰り返し同じ処理をすることを**ループ処理**と言います。ループは、オフィス業務をプログラミングで取り扱っていくうえで必須の概念です。たとえば、Excelシートに格納された複数のデータをPythonに読み込んだあと、データの加工処理を実行したいときなどに使います。

2-4-1 要素の数だけ処理を繰り返す

あるデータ構造に格納された要素（オブジェクト）の数だけ、繰り返し処理をするような場合には、**forループ**を使います。このとき、繰り返し（イテレート）可能なオブジェクトは、**イテラブル**とも呼ばれます。本書でこれまで登場したオブジェクトでは、文字列、リスト、タプル、辞書がイテラブルです（文字列の場合、一字ずつ取り出します）。

forループの構文は次のようになっています。

```
for 変数 in イテラブル:
    ブロック
```

forループでは、イテラブルの中身を１つずつ変数に取り出します。そして、ブロック内で、取り出した変数を扱うことができます。

range()関数を使ったforループ

さっそくですが、forループを使ってみましょう。

▼プログラム 2-21　ループの使い方（for_loop.py）

```
01  for count in range(3):
02      print(count)
```

▼実行結果

```
0
1
2
```

「range(開始する値, 終了する値)」と指定すると、開始する値から終了する値を超えない範囲で1ずつカウントアップされた値を取り出すことができます。たとえば、range(0, 3)の中身は、「0,1,2」となります。また、開始する値のデフォルト値は0なので、range(0, 3)は開始する値を省略してプログラム2-21のようにrange(3)と書くことができます。

リストのforループ

リストもイテラブルですので、forループさせて値を取り出すことができます。

▼プログラム2-22 リストの中身をループして取り出す(for_loop2.py)

```
01  fruits = ['apple', 'orange', 'banana']
02  for fruit in fruits:
03      print(fruit)
```

▼実行結果

```
apple
orange
banana
```

考え方は、先ほどのrange()関数を使う例と同じです。リストオブジェクトfruitsに格納された要素を変数fruitに取り出し、1つずつ出力しました。ちなみにタプルの場合も、まったく同じ構文でループ処理を実現することができます。

インデックスと要素を同時に取り出す

さて、リスト型といえばインデックスで値を参照できました(2-3-1項参照)。インデックスをforループで同時に取り出せると何かと便利です。たとえば、forループの途中でインデックスを指定し、処理を抜けることができます。そうすると、「X回目のループで処理を終えたい」といった実行制御ができます。

▼プログラム2-23 インデックスと要素を一緒に取り出す(for_loop3.py)

```
01  fruits = ['apple', 'orange', 'banana', 'grape']
02  for i, fruit in enumerate(fruits):
03      print(i, fruit)
```

▼実行結果

```
0 apple
1 orange
2 banana
3 grape
```

enumerate()関数を使うことで、インデックスと要素を同時に取り出すことができます。enumerate()の引数[注4]には、イテラブルを指定します。すると、enumerate()関数は、イテラブルからインデックスと要素のセットを内部的にタプルとして生成します。今回の例だと、「(0, 'apple') (1, 'orange') (2, 'banana') (3, 'grape')」が生成されています。

2、3行目は、forループの変数に、インデックスと要素がセットで入ったタプルをわたし、変数i、fruitにアンパッキングして出力するという流れです。

辞書のforループ

辞書のforループはどう使えばいいのでしょうか。辞書型には、キーとバリューがありました。つまり、辞書から「キーだけを取り出す方法」「バリューだけを取り出す方法」「キーとバリューを取り出す方法」という3つの方法を知る必要があります。そのために、以下のメソッドが用意されています。

keys():各要素のキーを取り出す

注4 引数について、詳しくは2-5-1項で説明します。

values()：各要素のバリューを取り出す

items()：各要素のキーとバリューを取り出す

▼プログラム 2-24　辞書の中身を取り出す (dict_keys_values_items.py)

```
01  fruits = {'apple': 100, 'orange': 200}
02  print(fruits.keys())
03  print(fruits.values())
04  print(fruits.items())
```

▼実行結果

```
dict_keys(['apple', 'orange'])
dict_values([100, 200])
dict_items([('apple', 100), ('orange', 200)])
```

辞書の中身を取り出すことができました。それぞれ、中身を単なるリストオブジェクトとして取り出すわけではなく、dict_keys、dict_values、dict_itemsオブジェクトとして取り出します。これらは、ビューオブジェクトと呼ばれるもので、詳しく知りたい方は公式ドキュメント[注5]をご覧ください。forループにこれらのオブジェクトをイテラブルとしてわたせば、ループ処理が実装できます。

それでは、さっそく辞書の要素を順に取り出すループ処理を実装しましょう。

▼プログラム 2-25　辞書の要素をループして取り出す (for_loop4.py)

```
01  fruits = {'apple': 100, 'orange': 200}
02
03  for fruit in fruits.keys():
04      print(fruit)
05
06  for money in fruits.values():
07      print(money)
08
09  for fruit, money in fruits.items():
10      print(fruit, money)
```

注5　https://docs.python.org/ja/3/library/stdtypes.html#dictionary-view-objects
ちなみに、ビューオブジェクトを返す挙動はPython 3からで、Python 2までは単なるリストで取り出していました。

▼実行結果

```
apple
orange
100
200
apple 100
orange 200
```

上のforループから順に、appleとorangeのキー、バリュー、キーとバリューの組み合わせを出力しています。

2-4-2 条件が続く限り処理を繰り返す

値ではなく、ある特定の条件が真である限り処理を繰り返したいときは、**whileループ**を使います。

```
while 条件式:
    ブロック
```

条件式が成立する間、ブロック内の処理を実行し続けます。

▼プログラム 2-26　while ループの使い方（while.py）

```
01  i = 0
02  while i < 3:
03      print(i)
04      i += 1
```

▼実行結果

```
0
1
2
```

プログラム2-26は、変数iが3より小さい間、処理を実行するwhileループです。変数iは、「+=1」で、1ずつ値をカウントアップしています。値を1ずつカウントアップする処理を**インクリメント**といい、逆に1ずつ値をカウントダウン「−=1」することを、**デクリメント**といいます。また「+=3」のように書くと、3ずつ値をカウントアップすることもできます。

2-4-3　処理の途中でループを抜け出す

処理の途中で、ループを抜け出したい場合には、**break文**を使います。たとえばリストのインデックスが2になったとき、ループ処理を終了したい場合は次のように書きます。

▼プログラム 2-27　for_loop5.py

```
01  fruits = ['apple', 'orange', 'banana', 'grape']
02  for i, fruit in enumerate(fruits):
03      print(i, fruit)
04      if i == 2:
05          break
```

▼実行結果

```
0 apple
1 orange
2 banana
```

インデックスが3のgrapeが表示される前に処理が終了していることがわかります。

2-5 定義した処理を実行する

2-1-2項で関数の言葉の意味について説明しましたが、Pythonの関数は、以下の文法で定義することができます。

▼図 2-6　関数の定義

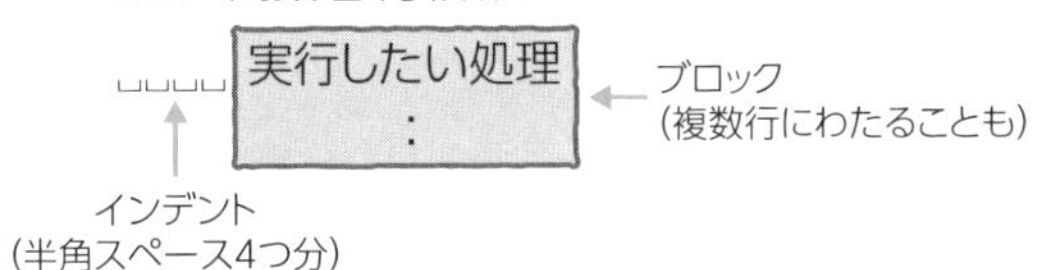

defは、definition（定義という意味の英単語）の省略形で、関数を定義することを意味します。そして、if文と同じようにインデントが必要です。実行したい処理が複数行にわたる場合、2行目以降もインデントが必要です。

インデントは半角スペース4つ？

インデントは半角スペース4つだと紹介しました。ですが、実は半角スペース2つやタブを利用してもかまいません。ブロック内でインデントがそろってさえいれば、プログラム上は同義だからです。ただし、Python標準コーディング規約であるPEP 8には、インデントは半角スペース4つが望ましいことが記載されており、本書ではその内容を踏襲しています。

PEP 8 のインデント
https://www.python.org/dev/peps/pep-0008/#indentation

また、Python 3からは、インデントにタブとスペースを混在させることができなくなりました。本書で利用しているPyCharmでは、def 関数名(): に続けて改行すると、自動で半角スペース4つが入力されます。PyCharmでは、Pythonのコーディング規約に違反していると、黄色の波線が引かれるので、自然にPythonのコーディング規約を体得することができます。

▼図 2-7　print() 関数のインデントが規約に違反している！

```
def sample_function():
  print('hello world')
```


2-5-1 関数にわたす情報・関数から戻ってくる情報

それでは、さっそく関数を定義してみましょう。次のプログラムは、1、2行目で入力値を2倍にする関数f()を作成し、4行目で作成した関数を呼び出しています。

▼プログラム 2-28　値を 2 倍する関数（double.py）

```
01  def f(x):
02      return x * 2
03
04  i = f(2)
05  print(i)
```

▼実行結果

```
4
```

引数

関数f()の()内にあるxは**引数**と呼びます。その関数への入力値です。「,」で区切ると、複数の引数を入力することができます。

```
def f(x, y):
    return x + y
```

引数のわたし方は、大きく分けて「位置引数」と「キーワード引数」の2種類があります。f(x, y)のxに10を、yに20をわたす例で見てみましょう。

- **位置引数**：引数の順番によって、引数を関数にわたす

```
i = f(10, 20)
```

- **キーワード引数**：引数名を指定した形式でわたす

```
i = f(x=10, y=20)
```

オプション引数

引数をあらかじめ指定しておき、関数の呼び出し時に省略することもできます。こうした引数のことを**オプション引数**と呼びます。プログラム2-29を見てください。このとき「x=2」が、オプション引数です。

▼プログラム2-29　引数が省略できる関数例（double2.py）

```
01  def double(x=2):
02      return x * 2
03
04  i = double()
05  print(i)
```

▼実行結果

```
4
```

関数呼び出し時（プログラム2-29の4行目）に引数を指定しなかったので、オプション引数に指定した2が利用されていることがわかります。では、オプション引数が存在する関数の呼び出し時に、引数を指定するとどうなるでしょうか。4、5行目を次のように書き換えて実行してみましょう。

```
i = double(3)
print(i)
```

▼実行結果

```
6
```

オプション引数の2ではなく、関数呼び出し時に指定した3が使用されたことがわかります。このように、オプション引数が存在していても、関数呼び出し時に指定した引数が優先されます。

戻り値（返り値）

戻り値（返り値）は、関数が何を出力するかを定義するもので、**return**に続けて書きます。プログラム2-29の場合、関数double()がx * 2を戻り値として出力するよう2行目で定義しています。そして4行目で、戻り値x * 2を変数iに代入しているのです。なお、returnを定義しない関数は、戻り値がないということになり「None」を返します。Noneは、値が存在しないことを意味します。

2-5-2 変数が使える範囲

関数のブロック内で定義するか、関数のブロック外で定義するかによって、変数が使える範囲（スコープ）が異なります。

グローバル変数

関数のブロック外で定義される変数をグローバル変数と言います。グローバル変数は、そのプログラム内のどこからでも呼び出すことができます。次の例では、関数内でも関数の外でも変数x = 10をそのまま呼び出せることがわかります。

▼プログラム 2-30　グローバル変数の使用（global_var.py）

```
01  x = 10
02
03  def f():
04      print(x)
05
06  f()
07  print(x)
```

▼実行結果

```
10
10
```

ローカル変数

一方、関数のブロック内で定義する変数をローカル変数と呼び、その関数内でのみ参照できます。

▼プログラム 2-31　ローカル変数の使用 (local_var.py)

```
01  def f():
02      x = 10
03      print(x)
04
05  f()
06  print(x)
```

▼実行結果

```
10
Traceback (most recent call last):
  File "/Users/katsuhisakitano/PycharmProjects/sample/⏎
local_var.py", line 7, in <module>
    print(x)
NameError: name 'x' is not defined
```

プログラム2-31の6行目は、実行結果で「NameError: name 'x' is not defined」とメッセージが表示されているようにエラーになっています[注6]。変数xは、関数f()内で定義したため、6行目のprint()関数では変数xを参照できず、エラーが発生します。

このように関数を利用する際は、変数の定義場所によってスコープが変わることに注意してください。

注6　Tracebackから始まる内容は、スタックトレースと呼ばれ、エラー発生時の処理の呼び出し内容です。スタックトレースを読み解いて、エラー箇所を探ります。

エラーメッセージが表示されたら

間違ったプログラムを書いた場合、前述の「NameError: name 'x' is not defined」のように、エラーメッセージが表示されます。このとき、「NameError」にあたる部分は例外型といい、例外の大まかな分類を示します。エラーメッセージが表示されたら、まずエラーメッセージを読みます。エラーの内容を理解できたら、自分で問題解決してみましょう。内容を理解できない場合は、エラーメッセージをWebで検索して、内容を解説してくれるサイトを探してもいいでしょう。

ただし、エラーメッセージを何も考えずに検索することはできれば避けてください。ネット上の情報は、限定された文脈におけるエラーの原因を理解する手助けにはなれど、自分が書いたプログラムをふまえた答えを出してくれるわけではありません。そのときに、自分で問題を解決する習慣がないと、すぐにお手上げになってしまいます。エラーと向き合い、自力で正しく動くプログラムをつくるための習慣をぜひ身につけてください。

2-5-3 あらかじめ用意されている関数

みなさんはこの節以前から、print()やstr()など関数を利用してきました。これらの関数は、私たちが関数定義していないのに、なぜ利用できるのでしょうか。その答えが**組み込み関数**です。組み込み関数は名前のとおり、Pythonにあらかじめ組み込まれている関数です。つまり、私たちが関数定義しなくともPythonを使い始めてすぐに利用できます。

▼表 2-5　代表的な組み込み関数

関数名	概要
print()	引数の値を画面に出力する
bool()	引数の値を評価して真ならTrue、偽ならFalseを返す
enumerate()	引数にイテラブルを渡すとenumerateオブジェクトを返す(2-4-1項参照)
input()	プロンプトを表示してユーザーからの入力を受け付け、結果を文字列として返す(2-2-1項参照)
len()	渡したオブジェクトの持つ要素の個数を返す
open()	引数に渡した名前のファイルを開き、ファイルの読み書きを行うファイルオブジェクトを返す(4-1-4項参照)
type()	引数のデータ型を返す

組み込み関数はほかにもたくさんあるので、詳しくは公式ドキュメントをご参照ください。

組み込み関数
https://docs.python.org/ja/3/library/functions.html#built-in-functions

2-6 ファイルを機能ごとに分けて再利用する

Pythonではプログラムを便利に書くための**モジュール**と呼ばれる仕組みがあります。モジュールは、複数の関数を再利用できるようにしたもので、ほかの人がつくった便利な関数を自分のプログラムでも利用することができます。また、自分がプログラムを書く際にも、複数の関数を共通化しておくことで、同じ内容を何度も書かずに済みます。

2-6-1 使いたいファイルを読み込ませる

使いたいモジュールをPythonに教えてあげることを**インポート**と言います。次のような構文でインポートします。

```
import モジュール名
```

モジュールをインポートすると、モジュール内の変数や関数を利用できるようになります。関数を利用する場合は、次のように書きます。

```
モジュール名.関数名
```

具体例を見てみましょう。関数をインポートされる側（プログラム2-32）とする側（プログラム2-33）でプログラムを2つ用意しています。

▼プログラム 2-32　自作モジュール（hello.py）

```
01  def many_times(count):
02      s = count * 'hello '
03      print(s)
```

▼プログラム 2-33　自作モジュールの関数を使用（use_hello_module1.py）

```
01  import hello
02
03  hello.many_times(3)
```

▼実行結果

```
hello hello hello
```

自作したhelloモジュールのmany_times()関数を利用し、helloを指定した回数分表示できました。

インポート対象を指定する

インポートは、対象を絞り込んで利用することもできます。次のように記載します。

```
from モジュール名 import 関数名
```

こちらもサンプルを見てみましょう。

▼プログラム 2-34　モジュールを指定してインポートする（use_hello_module2.py）

```
01  from hello import many_times
02
03  many_times(3)
```

▼実行結果

```
hello hello hello
```

名前を変更してインポートする

モジュールの名前を変更してインポートすることもできます。

```
import モジュール名 as 別名
```

次のようにして使います。モジュール名が長い場合などに利用すると便利です。

▼プログラム 2-35　モジュール名を別名でインポートする（use_hello_module3.py）

```
01  import hello as hl
02
03  hl.many_times(3)
```

▼実行結果

```
hello hello hello
```

2-6-2 あらかじめ用意されているライブラリを使う

Pythonインストール時にあらかじめ同梱されている**標準ライブラリ**を使うこともできます。Pythonの標準ライブラリは、Pythonインストール時にあわせてインストールされているものを指します。プログラム 2-36は、標準ライブラリ内の日付や時刻を扱うdatetimeモジュールを使って、実行日の日付を出力するプログラムです。

▼プログラム 2-36　標準ライブラリを使用する（today.py）

```
01  import datetime
02
03  date = datetime.date.today()
04  print(date)
```

▼実行結果

```
2020-06-01
```

標準ライブラリは、ほかにもたくさんあります。すべてを確認したい方は、公式ドキュメントを参照してください。

Python 標準ライブラリ
https://docs.python.org/ja/3/library/index.html

サードパーティライブラリ

Pythonでは、必要なサードパーティのライブラリをインストールして利用することができます。サードパーティのライブラリをインストールするには、おもに2つの方法があります。ここでは、本書でのちほど使うpygsheetsというモジュールのインストールを行う例で紹介します。

PyCharmからインストールする

まず、PyCharmのメニューから、それぞれ次のように選択します。

Windows：「ファイル」→「設定」
Mac：「PyCharm」→「Preferences...」

「プロジェクト：sample」の下の「プロジェクト・インタープリター」を選択し、「+」をクリックします。　このとき、「＋」ボタン近くにあるAnacondaのロゴマークのボタン（上にカーソルを重ねると「Use Conda Package Manager」と表示されます）が選択された状態（ボタンが白）になっていたら、選択をはずしてください。Condaは、ライブラリのバージョン等を管理する、パッケージ管理の仕組みです。Anacondaを使用する際は、Anacondaにも同梱されるCondaの利用が基本的には望ましいのですが、今回導入したいpygsheetsのように、Conda経由ではインストールできないパッケージも存在します。そのため、Condaを使用しない設定でインストール作業を進めます。

▼図 2-8　ライブラリの追加

検索ボックスに「pygsheets」と打ち込み、左下の「パッケージのインストール」を選択します。

パッケージ名の横に「(installing)」と表示されるので、しばらく待ちます。インストールが完了すると画面の下に、「Package pygsheets installed successfully」と表示されます。これで完了です。×ボタンで閉じてください。

pipでインストールする

PyCharmを利用していない方は、pipコマンドを使って、同様にライブラリをインストールすることができます。pipもCondaと同じくパッケージ管理の仕組みです。「pip install ライブラリ名」というコマンドをAnaconda PowerShell Promptまたはターミナルで実行するだけです。

```
pip install pygsheets
```

本書では、AnacondaによってPythonの環境を行いました。Anacondaには、あらかじめデータ分析や科学計算用のサードパーティライブラリがいくつか同梱されています。たとえば、第3章で利用する、Excelを操作するためのライブラリであるopenpyxlもそうです。今後みなさんが自分のつくりたいオリジナルのプログラムを書きはじめると、外部のライブラリを必要とすることもあるでしょう。その際は、本コラムを参考になさってください。

2-7 例外処理

プログラミングにおける**例外**とは、実行中に検出されたエラーのことです[注7]。たとえば、Webサイトの情報を抽出するプログラムは未来永劫壊れずに動くことはほぼありえません。なぜなら、Webサイトの構造が将来的にも変わらない保証はどこにもないからです。そこで、プログラムが動かなかったときに、どうなってほしいかを自分たちであらかじめ指示しておくことが大切です。例外処理を仕込んでおくことで、エラー発生時の挙動をプログラムに書くことができます。

try、except文

Pythonにおける例外処理の基本は、try、except文です。「tryに定義した処理を実行し、もし例外が発生すればexceptに定義した処理を実行する、例外が発生しなければ、そのまま処理を続行する」というものです。

フルーツ名が格納されたリストから、インデックス指定でフルーツ名を取り出すプログラムを考えてみましょう。例外処理がない場合は、次のようなプログラムになります。

▼プログラム2-37　インデックスを指定してフルーツ名を取り出す（fruits.py）

```
01  fruits = ['apple', 'orange', 'banana' ]
02  input_value = input('取り出したいフルーツの番号を教えてください: ')
03  
04  print(fruits[int(input_value)])
```

このプログラムでは、ユーザーの入力した値によってはエラーが発生します。たとえば、ユーザーの入力値が2を越える値だった場合、配列

注7　例外に対して、プログラム作成中に式や構文の誤りでエラーになることを構文エラーと呼びます。

から値を取り出すことができません。配列のインデックスは、0から2までしか存在しないためです。ユーザーの入力値が整数でない場合も、int()関数で型変換をする処理に失敗するため、エラーが発生します。

こういったエラーが発生することを想定して、例外処理を実装しておきましょう。

▼プログラム 2-38　例外処理を行う（fruits_try_exception.py）

```
01  fruits = ['apple', 'orange', 'banana' ]
02  input_value = input('取り出したいフルーツの番号を教えてください: ')
03
04  try:
05      print(fruits[int(input_value)])
06  except IndexError as e:
07      print('catch IndexError:', e)
08  except ValueError as e:
09      print('catch ValueError:', e)
```

このプログラムの実行結果は、次のとおりです。エラーが発生してプログラムを終了する代わりに、例外発生をキャッチし、エラーメッセージをprint()関数で表示しました。

▼正常処理

```
取り出したいフルーツの番号を教えてください: 1
orange
```

▼異常処理パターン1：配列のインデックス外の値（100）を指定する

```
取り出したいフルーツの番号を教えてください: 100
catch IndexError: list index out of range
```

▼異常処理パターン2：整数以外の値（sample）を入力する

```
取り出したいフルーツの番号を教えてください: sample
catch ValueError: invalid literal for int() with ↵
base 10: 'sample'
```

「except 例外型 as 変数名:」と書くことで、変数に例外オブジェクトを格納することができます（as 変数名は省略可）。例外オブジェクトには、エラーメッセージが格納されており、「print(例外オブジェクト)」とすることで、エラーメッセージを表示することができます。今回の場合は、「print('catch ValueError:', e)」のようにすることで、キャッチした例外型も表示するようにしています。例外型の確認方法は、2-5-2項のコラム「エラーメッセージが表示されたら」(p73) を参照してください。

Pythonの例外処理では、try、except以外にも次のような条件分岐を指定することができます。

else

tryが正常終了したあとに行う処理を指定します。例外発生時は、elseに指定した処理は実行されません。

finally

例外の発生にかかわらず、最後に行いたい処理を指定します。elseとfinallyを同時に使うと、elseの処理が実行されたあとにfinallyに書いた処理が実行されます。

第3章

Excel作業を自動化しよう

PythonでExcelを操作する基本的な方法を解説します。PythonでExcelを操作することで、データの読み書き操作やレイアウト編集作業を効率化しましょう。

3-1 Excelファイルを操作するための準備

3-1-1 OpenPyXLをインストールする

OpenPyXLはExcelの読み書きをPythonで行うためのライブラリです。たとえば、Pythonを使って次のような操作ができます。

- セルの値をPythonで読み書きする
- 複数のExcelファイル間でデータをコピーする
- フォント設定を変更する
- Excelの行幅や列幅を調整する
- グラフを追加する

Excelの読み書きを行うためのライブラリと書きましたが、実はExcelでなくともかまいません。大事なことは、拡張子が「.xlsx」であることです。LibreOffice CalcやOpenOffice Calcを使えば「.xlsx」ファイル形式を操作できるので、Excelが手元にない方はぜひこれらのソフトウェアを使って本書を進めてください。どちらも無料で利用できます。

OpenPyXLを利用するには、**openpyxlライブラリ**がインストールされている必要があります。Anacondaにはあらかじめ OpenPyXLが同梱されているため、openpyxlライブラリをあらためてインストールする必要はありません。1-2-2項（p22）の手順でPython環境を構築していない方は、2-6-2項のコラム「サードパーティライブラリ」（p78）を参考に、openpyxlライブラリをインストールしてください。

3-1-2 新しいフォルダの作成

Excelファイルを OpenPyXL で操作する際には、PythonがExcelファイルの場所を参照できる必要があります。通常は、Pythonプログラムが置いてあるフォルダの直下にあるファイルを参照します。一方、それ以外の場所にあるファイルを参照する場合には、その場所を指定する必要があります。別のフォルダにあるファイルを指定する方法は、5-1節「フォルダ・ファイル操作」(p136) で説明します。

本章では、Pythonプログラムと同じフォルダ内にExcelファイルを配置し、Excelファイルの場所の参照を行うことにします。

PyCharmのフォルダを新しくつくる

現在、PyCharmのプロジェクト内には、前章までに作成した複数のプログラムが保存されています。本章で作成したプログラムやExcelファイルがどこにあるかをわかりやすくするため、「sample」プロジェクト直下に新たに「openpyxl」フォルダをつくりましょう。

PyCharmのプロジェクト名（本書では「sample」）を右クリックし、「新規」にカーソルを合わせて「ディレクトリー」をクリックします。ここでいうディレクトリーは、フォルダと同じだと思っていただいてかまいません。

▼図 3-1　新しいフォルダを作成する

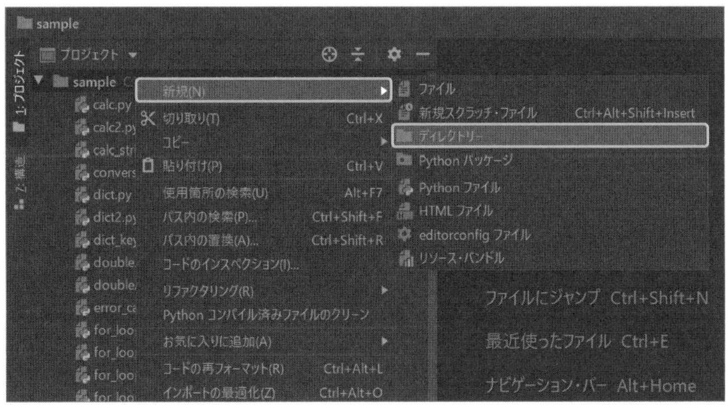

「openpyxl」という名前を入力し、Enterキーを押して（Macの場合は「OK」ボタンをクリックして）ください。

▼図 3-2　フォルダ名をつける

これで新しいフォルダができました。以降、本章での操作はすべてこのopenpyxlフォルダ内にて行います。

3-1-3　Excelファイルをフォルダに配置する

本書のサポートページ[注1]からダウンロードした「python_excel_book-master.zip」を展開（解凍）し、中を開くと、「openpyxl」フォルダ配下に「shopping.xlxs」というExcelファイルが見つかります。

shopping.xlsxは、次のような内容です

▼図 3-3　shopping.xlsx

	A	B	C	D	E	F
1	2020/6/5	apples	100	2		
2	2020/6/6	oranges	50	1		
3	2020/6/6	bananas	200	1		
4	2020/6/7	peaches	200	2		
5	2020/6/8	grapes	500	1		
6						
7						
8						
9						

ダウンロードしたshopping.xlsxをPyCharmのsampleプロジェクト内のopenpyxlフォルダに移動させます。

注1　本書で扱うコードやExcelファイルなどは、「はじめに」に記載したサポートページからダウンロードできます。詳しくはp7を参照してください。

▼図 3-4　Excel ファイルの移動が完了した状態

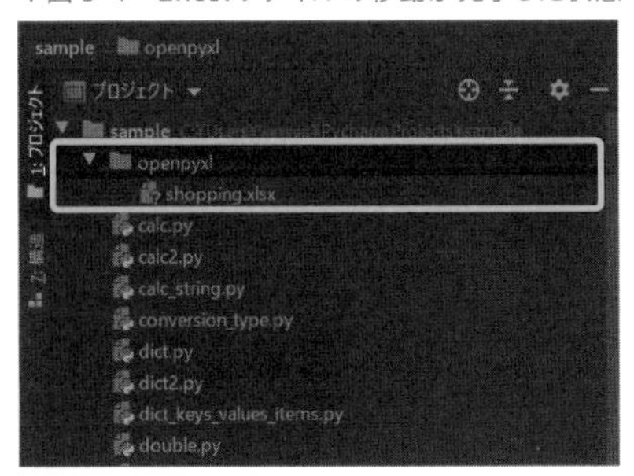

次節から、いよいよ Excel を Python で動かしていきます。

PyCharm 上でのファイル移動

PyCharm へのファイル移動は、ドラッグ＆ドロップで可能です。サポートページからダウンロードした「python_excel_book-master」→「openpyxl」フォルダ内の shopping.xlsx を PyCharm の openpyxl フォルダ下に移動させてみましょう。まず、対象ファイルを選択し、PyCharm にドラッグ＆ドロップします。

▼図 3-5　shopping.xlsx をドラッグ＆ドロップ

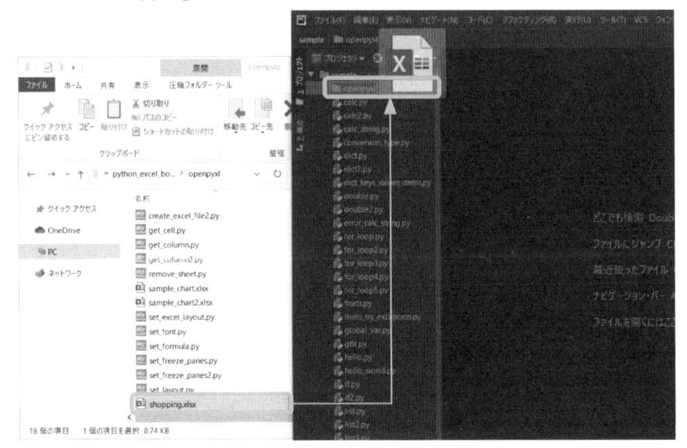

すると、宛先フォルダが正しいかを確認するポップアップが表示されます。宛先ディレクトリーの末尾のフォルダ名が、openpyxlになっていることを確認し、「リファクタリング」をクリックすれば完了です。

▼図3-6　宛先ディレクトリーの確認

この画面例はWindowsですが、Macでも同様の操作でファイル移動が可能です。

3-2 Excelの値を表示する

3-2-1 指定したセルの値を取得する

まずは、shopping.xlsx内のB1セルの値を表示するプログラムをつくります。openpyxlフォルダ内に次のプログラムを作成してください。OpenPyXLを使うときは、プログラムの最初にopenpyxlライブラリをインポートするのを忘れないようにしましょう。

▼プログラム 3-1　セルの値を表示する（get_cell.py）

```
01  import openpyxl
02
03  wb = openpyxl.load_workbook('shopping.xlsx')
04  value = wb['Sheet1']['B1'].value
05  print(value)
```

▼実行結果

```
apples
```

OpenPyXLのオブジェクトは、Excelの構成と対応しています。つまり、Workbookオブジェクトは、1つのExcelファイル（ワークブック）そのものです。Workbookオブジェクトには複数のWorksheetオブジェクトが存在し、Worksheetオブジェクトには複数のCellオブジェクトが存在します。

▼図 3-7　Excel の画面と OpenPyXL のオブジェクトの対応関係

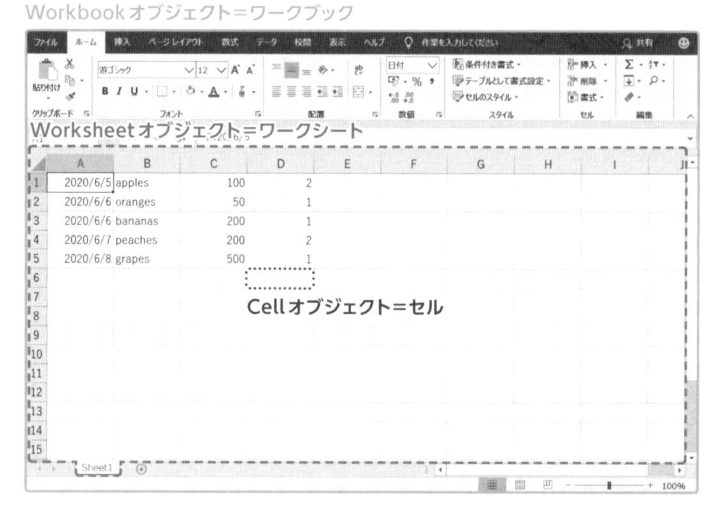

OpenPyXLのオブジェクト構成を理解したところで、プログラム3-1の中身を見ていきましょう。

load_workbook()メソッドでExcelファイルを読み込む

セルの値を取得するためには、まず、Excelのワークブックのオブジェクトを取得する必要があります。ワークブックのオブジェクトを返すには、次のようにファイル名を引数にとり、**load_workbook()メソッド**を使います。

```
openpyxl.load_workbook(ファイル名)
```

プログラム3-1の3行目で、読み込んだshopping.xlsxファイルを「wb」という変数に代入しています。

ワークシートとセルを読み込む

続いて、Excelのワークシートとセルを指定します。図3-7より、WorksheetオブジェクトとCellオブジェクトはWorkbookオブジェクトの中にあるので、読み込んだshopping.xlxsファイル（wb）内の「Sheet1」およびWorksheetオブジェクト内にある「B1」Cellオブジェクトを指定するには、「wb['Sheet1']['B1']」と表します。

Cellオブジェクトは、**value**という属性をもっており、「Cellオブジェクト.value」と指定することで、そのセルの値を取り出すことができます。今回はB1セルの値を表示したいため、このvalueの値をprint()関数で表示しています。

Column

取得するセル位置を指定するほかの方法

Cellオブジェクトは、次のように行番号と列番号を使ってセル位置を指定することもできます。

```
Worksheetオブジェクト.cell(row=行数番号, column=列数番号)
```

繰り返し処理を行うには、数字で「1回目、2回目、3回目…」と扱います。その際、row（行）とcolumn（列）をそれぞれ数字で指定するほうがプログラムとして扱いやすいです。rowとcolumnの指定は、0ではなく1から始まる点に注意してください。

たとえばプログラム3-1を、行番号と列番号を使ってB1セルを指定するように書き換えたい場合は、4行目を次のように指定します。

```
value = wb['Sheet1'].cell(row=1, column=2).value
```

3-2-2 複数のセルをまとめて取得する

複数のセルをまとめて取り出すこともできます。shopping.xlsxのB列をすべて取り出してみましょう。今回はB列の行について繰り返し処理を行うので、セルの値の取得は3-2-1項のコラム「取得するセル位置を指定するほかの方法」（p91）のように、rowとcolumnを使って書いていきます。

▼図 3-8　取り出す対象の B 列

	A	B	C	D	E	F
1	2020/6/5	apples	100	2		
2	2020/6/6	oranges	50	1		
3	2020/6/6	bananas	200	1		
4	2020/6/7	peaches	200	2		
5	2020/6/8	grapes	500	1		
6						
7						
8						
9						

▼プログラム 3-2　B 列の値を表示する（get_column.py）

```
01  import openpyxl
02
03  wb = openpyxl.load_workbook('shopping.xlsx')
04  sheet = wb['Sheet1']
05
06  for i in range(1, 6):
07      print(sheet.cell(row=i, column=2).value)
```

▼実行結果

```
apples
oranges
bananas
peaches
grapes
```

6、7行目のforループ処理で、row（行番号）を1から6まで1ずつ繰り上げながら、column（列番号）が2、つまりB列の値を出力する処理を実行しています。これは、以下の処理を実行していることと同義です。

```
print(sheet.cell(row=1, column=1).value)
print(sheet.cell(row=2, column=1).value)
 :
print(sheet.cell(row=5, column=1).value)
```

2-4-1項で説明したとおり、range()関数がループするのは「開始する値 ≦ i <終了する値」です（p62参照）。range(1, 6)ということは、iに1～5が代入されることに注意してください。今回であれば、Excelファ

イルの中身を見ると5行目まで値が入っているので、6まで値を増やしています。

list()関数を使ってセルをまとめて取得する

プログラム3-2を見て「毎回range(1, 6)の6に該当する数字を調べるのはめんどうだな」と感じた方もいるかもしれません。毎回指定列の最終行の位置を調べるため、Excelファイルの中身を確認するのはめんどうです。

list()関数を使って「list(Worksheet オブジェクト.columns)[列番号]」のように指定すれば、指定した列番号に存在するExcelのCellオブジェクトをまとめて取得できます。たとえば、B列のCellオブジェクトをまとめて取得するプログラムは次のとおりです。

▼プログラム3-3　list()関数を使い列の値を表示する（get_column2.py）

```
01  import openpyxl
02
03  wb = openpyxl.load_workbook('shopping.xlsx')
04  sheet = wb['Sheet1']
05
06  for cell in list(sheet.columns)[1]:
07      print(cell.value)
```

▼実行結果

```
apples
oranges
bananas
peaches
grapes
```

forループで各Cellオブジェクトの値を取り出しています。行単位でExcelのCellオブジェクトを取得したい場合は、columnsをrowsに、列番号を行番号に変えてください。

3-3 Excelファイルを編集する

OpenPyXLでは、既存のExcelファイルを読み込むだけではなく、ファイルの作成／削除や、既存のファイルを編集することも可能です。

3-3-1 Excelファイルを新規作成する

Excelファイルを新規に作成する場合、**save()メソッド**を使います。

▼プログラム 3-4　Excel ファイルを新規作成する（create_excel_file.py）

```
01  import openpyxl
02  
03  wb = openpyxl.Workbook()
04  wb.save('test.xlsx')
```

実行が完了したあと、PyCharmのopenpyxlフォルダ内にtest.xlsxが作成されていれば成功です。

▼図 3-9　生成された test.xlsx

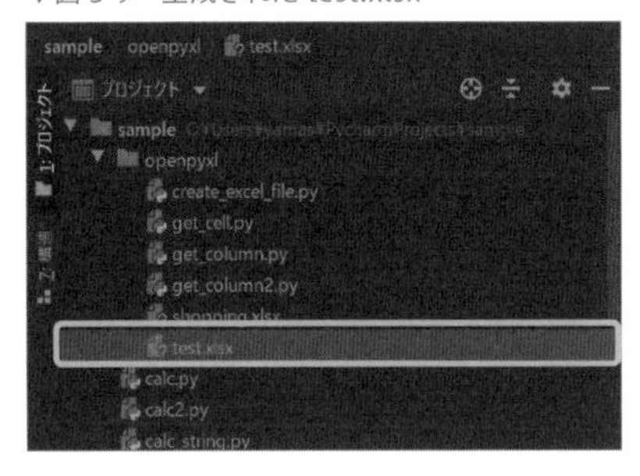

まず3行目で、新規に空のWorkbookオブジェクトを**openpyxl.Workbook()関数**で作成しています。このタイミングでは、まだExcel

ファイルは作成されていません。あくまでも新しいWorkbookオブジェクトが生成されただけです。そして4行目で、Workbookオブジェクトのsave()メソッドに文字列としてファイル名をわたせば、Excelファイルとして保存できます。このタイミングで、Excelファイルが生成されます。

注意点ですが、save()メソッドの引数に指定するファイル名は、コードを実行するたびに正しいかを確認しましょう。たとえば、すでに存在するExcelファイル名を指定すると、もとのExcelファイルを上書きしてしまいます。意図しない操作を行わないためにも、意識してください。

3-3-2 Excelシートを追加／削除する

●新しいシートを追加する

create_sheet()メソッドを使えば、ワークブックの末尾にシートを追加できます。

▼プログラム 3-5　Excel シートを追加する (add_sheet.py)

```
01  import openpyxl
02
03  wb = openpyxl.Workbook()
04  wb.create_sheet()
05  print(wb.sheetnames)
```

▼実行結果

```
['Sheet', 'Sheet1']
```

このとき、シートの名前はSheet'X'となります (Xには数字が入る)。プログラム3-5では、Sheet1が生成されています。Sheetは、openpyxl.Workbook()関数を実行した際に作成されたシートなので、新たにSheet1が追加されたということです。

また、最後の行のようにWorkbookオブジェクトの**sheetnames属性**を使うことで、シート一覧を取り出すことができます。

挿入位置とシート名を指定して、シートを追加する

create_sheet()メソッドは、「Workbookオブジェクト.create_sheet(index=数字, title='シート名')」のように書くこともできます。シートの位置はindexで指定し、シート名はtitleで指定します。なお、indexは0から始まるので注意してください。たとえば、Excelファイルの先頭にシートを挿入したい場合は、0を指定します。

Excelシートを削除する

remove()メソッドを使えば、Excelシートを削除できます。

▼プログラム3-6　Excelシートを削除する（remove_sheet.py）

```
01  import openpyxl
02  
03  wb = openpyxl.Workbook()
04  wb.create_sheet()
05  print(wb.sheetnames)
06  
07  wb.remove(wb['Sheet1'])
08  print(wb.sheetnames)
```

▼実行結果

```
['Sheet', 'Sheet1']
['Sheet']
```

「Workbook オブジェクト.remove(Worksheet オブジェクト)」と指定することで、シートを削除できます。今回の場合は、新しく作成したSheet1をすぐに削除しています。

3-3-3 セルの値を編集する

新規作成したExcelファイルのセルの値を編集してみましょう。A1セルに「test」と書き込んだtest.xlsxファイルを作成するプログラムをつくります。

▼プログラム3-7　Excelのセルを編集する（create_excel_file2.py）

```
01  import openpyxl
02
03  wb = openpyxl.Workbook()
04  sheet = wb.active
05  sheet['A1'] = 'test'
06  wb.save('test.xlsx')
```


openpyxlフォルダ内のtest.xlsxを開いてみましょう。A1セルにtestと書き込まれていれば成功です。

▼図3-10　Excelファイルへの書き込み

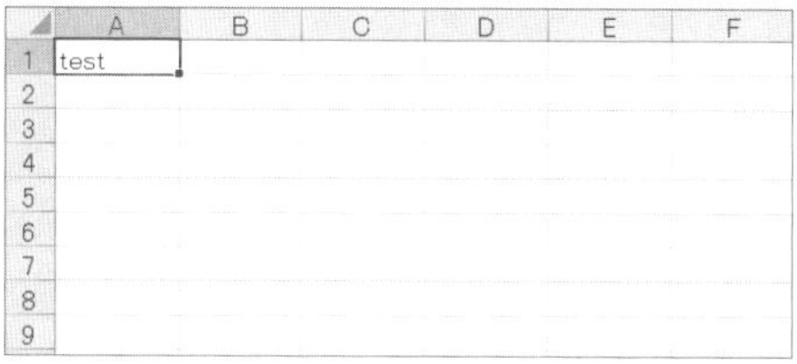

	A	B	C	D	E	F
1	test					
2						
3						
4						
5						
6						
7						
8						
9						

Excelのセルの値を編集するのは非常にシンプルです。「sheet['A1'] = 'test'」のように、Cellオブジェクトに値を代入するだけです。

Workbookオブジェクトの**active属性**は、現在アクティブになっているシートを取得します。新規にWorkbookオブジェクトを作成した場合は、active属性でWorksheetオブジェクトを取得すると覚えておいてください（ちなみに、既存のExcelファイルを開き、active属性を取得した場合、Excelファイルの保存直前に開いていたシートがアクティブなシートとして判定されます）。

今回は、新規作成したExcelのセルの値を編集しましたが、既存のExcelファイルのセルを編集する際も同様で、load_workbook()メソッドで読み込んだWorkbookオブジェクト内のCellオブジェクトの値を入力し、save()メソッドで保存します。

数式を入力する

セルに数式を入力することもできます。

▼プログラム 3-8　数式を設定する（set_formula.py）

```
01  import openpyxl
02  
03  wb = openpyxl.Workbook()
04  sheet = wb.active
05  sheet['A1'] = 10
06  sheet['A2'] = 20
07  sheet['A3'] = 30
08  sheet['A4'] = '=SUM(A1:A3)'
09  wb.save('test.xlsx')
```

openpyxlフォルダ内のtest.xlsxを開いてみましょう。次のようになっていれば成功です。

▼図 3-11　数式の書き込み

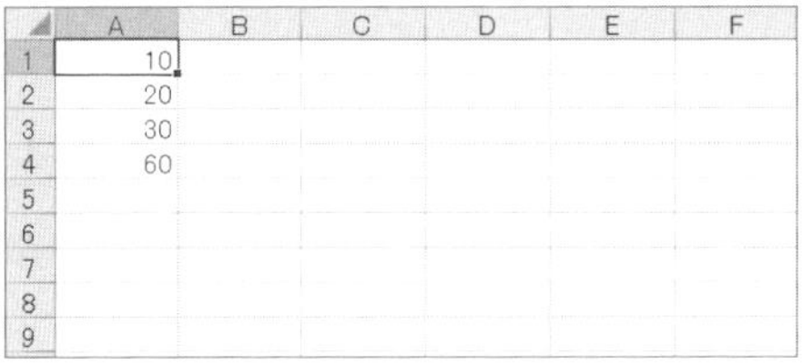

	A	B	C	D	E	F
1	10					
2	20					
3	30					
4	60					
5						
6						
7						
8						
9						

A4セルの値を確認すると、A1からA3セルが合計され、ちゃんと数式として認識されていることがわかります。このようにセルに数式を入力する際は、セルに文字列としてExcelの数式を直接書き込みます。

3-3-4　フォントを設定する

OpenPyXL上で、Excelのフォントを設定することもできます。

▼プログラム3-9　Excelのフォントを設定する(set_font.py)

```
01  import openpyxl
02  from openpyxl.styles.fonts import Font
03  
04  wb = openpyxl.Workbook()
05  sheet = wb.active
06  sheet['A1'] = '48 pt Italic'
07  sheet['A1'].font = Font(size=48, italic=True)
08  sheet['A2'] = 'default'
09  wb.save('test.xlsx')
```

openpyxlフォルダ内のtest.xlsxを開いてみましょう。次のようになっていれば成功です。

▼図3-12　フォントの設定を変更

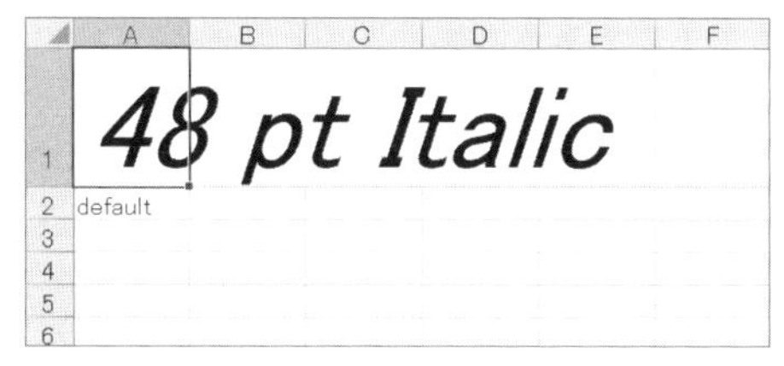

OpenPyXLには、セルのフォントを設定するための特別な関数である**Font()**が用意されています。Font()関数はopenpylx.styles.fonts内で定義されているので、プログラム3-9の2行目のように「`from openpyxl.styles.fonts import Font`」と書いてインポートしておきます。Font()関数は、

```
Font(キーワード引数1=キーワード引数の値1, キーワード引数2=キーワード引数の値2...)
```

と指定します。Fontオブジェクトのキーワード引数はいくつかあるので、一部を紹介します。

▼表 3-1　代表的なフォント引数

キーワード引数名	データ型	解説
name	文字列型	フォント名を入れれば、フォントが変更できる
size	整数型	文字サイズを変更できる
bold	ブール型	Trueにすれば、太文字にできる
italic	ブール型	Trueにすれば、Italicにできる
underline	ブール型	Trueにすれば、下線が引ける
strike	ブール型	Trueにすれば、打ち消し線が引ける
color	文字列型	カラーコードを入力すれば、文字色が変更できる

今回のプログラムでは、「`Font(size=48, italic=True)`」のように、sizeとitalicを編集したFontオブジェクトをsheet['A1'].fontに代入しています。

3-4 Excelのレイアウトを編集する

普段Excelを操作していると、行や列の幅を調整したり、固定したりすることがあるかと思います。行や列の幅を調整する作業は地味にめんどうくさいですが、プログラムにしておけば、毎回必要なレイアウト調整作業を自動化することも可能です。

3-4-1 Excelの行と列の幅を設定する

Excelの行と列の幅を設定するには、Worksheetオブジェクトの**row_dimensions**と**column_dimensions**をそれぞれ使います。

> 行幅：シート変数.row_dimensions[行番号].height = 高さ
> 　　　行番号には、1や2などの数字が入る
>
> 列幅：シート変数.column_dimensions[列番号].width = 幅
> 　　　列番号は、AやBなどが入る

Excelシートの1行目とB列のセルを広げてみましょう。

▼プログラム 3-10　Excelのレイアウトを設定する (set_layout.py)

```
01  import openpyxl
02
03  wb = openpyxl.Workbook()
04  sheet = wb.active
05  sheet.row_dimensions[1].height = 100
06  sheet.column_dimensions['B'].width = 50
07  wb.save('test.xlsx')
```

openpyxlフォルダ内のtest.xlsxを開き、次のようになっていれば成功です。

▼図3-13　Excelレイアウトの編集

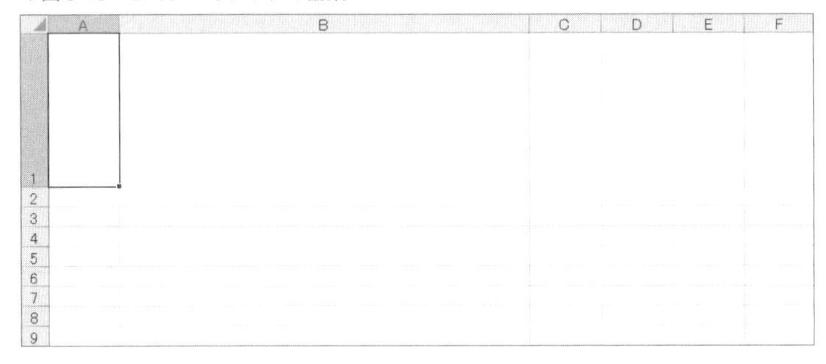

1行目の高さと、B列の幅が広がっていることが目視で確認できました。「あれ？　なんで高さが100で幅が50なのに、幅のほうが広いの？」と思われた方もいらっしゃるのではないでしょうか。これは、Excelのデフォルトの設定では、高さはポイントで設定されるのに対し、幅は表示できる文字数で設定されるからです。ここでは、「高さと幅で単位が違うから注意」とだけ覚えておいていただければ問題ありません。

●行や列を非表示にするhidden属性

row_dimensionsとcolumn_dimensionsは、行や列を非表示にする**hidden属性**をもっています。たとえば、プログラム3-10の5行目を「`sheet.row_dimensions[1].hidden = True`」と書き換えると、Excelシートの1行目が非表示になります。

3-4-2 行と列を固定表示する

行と列を固定表示するには、Worksheetオブジェクトの**freeze_panes属性**を設定します。行を固定表示するサンプルプログラムは次のとおりです。

▼プログラム3-11　Excelの行を固定表示する（set_fleeze_panes.py）

```
01  import openpyxl
02
03  wb = openpyxl.Workbook()
```

```
04  ws = wb.active
05
06  # A1～Y49のセルに、セル名を入力する処理
07  for row_num in range(1, 50):
08      for column_num in range(1, 26):
09          ws.cell(row=row_num, column=column_num).value = ↵
    chr(ord('A') + column_num - 1) + str(row_num)
10
11  ws.freeze_panes = 'A2'
12  wb.save('test.xlsx')
```

行が固定表示されていることをわかりやすくするため、セルにセル名を入力する処理をしました。Excelを下にスクロールしても、1行目が固定表示されていれば成功です。

▼図 3-14　1行目が固定された

	A	B	C	D	E	F	G	H	I
1	A1	B1	C1	D1	E1	F1	G1	H1	I1
17	A17	B17	C17	D17	E17	F17	G17	H17	I17
18	A18	B18	C18	D18	E18	F18	G18	H18	I18
19	A19	B19	C19	D19	E19	F19	G19	H19	I19
20	A20	B20	C20	D20	E20	F20	G20	H20	I20
21	A21	B21	C21	D21	E21	F21	G21	H21	I21
22	A22	B22	C22	D22	E22	F22	G22	H22	I22
23	A23	B23	C23	D23	E23	F23	G23	H23	I23
24	A24	B24	C24	D24	E24	F24	G24	H24	I24
25	A25	B25	C25	D25	E25	F25	G25	H25	I25
26	A26	B26	C26	D26	E26	F26	G26	H26	I26
27	A27	B27	C27	D27	E27	F27	G27	H27	I27
28	A28	B28	C28	D28	E28	F28	G28	H28	I28
29	A29	B29	C29	D29	E29	F29	G29	H29	I29
30	A30	B30	C30	D30	E30	F30	G30	H30	I30
31	A31	B31	C31	D31	E31	F31	G31	H31	I31
32	A32	B32	C32	D32	E32	F32	G32	H32	I32
33	A33	B33	C33	D33	E33	F33	G33	H33	I33
34	A34	B34	C34	D34	E34	F34	G34	H34	I34
35	A35	B35	C35	D35	E35	F35	G35	H35	I35
36	A36	B36	C36	D36	E36	F36	G36	H36	I36

11行目の「ws.freeze_panes = 'A2'」で、Excelシートの1行目のみを固定表示しています。Worksheetオブジェクトのfreeze_panes属性に特定のセルを指定することで、指定したセルより1つ上の行、もしくは1つ左の列までを固定表示することができます。A2を指定した場合、Aより左に存在するアルファベットは存在しないので列は固定表示しません。一方、行番号2の上は1なので、1行目を固定表示することができます。

次のような固定表示は使う機会も多いと思うので、覚えておくといいでしょう。

- 2 行目までを固定表示したい：A3 を指定
- 1 行目と A 列を固定表示したい：B2 を指定

#からはじまる行はなに？

プログラム 3-11 の 6 行目に、「# A1 〜 Y49 のセルに、セル名を入力する処理」と書かれています。Python では「#」ではじまる行をコメントと呼び、処理の実行結果には関係ない情報を残すことができます。コードの説明を記載するときなどに利用します。また

```
a = 1 # これはコメントです
```

のように、プログラムと同じ行にコメントを記載することもできます。

3-5 Excelのグラフを作成する

Excelのグラフを作成する際に元データを編集すると、データ参照範囲を変える必要があったりして、何かとめんどうです。グラフ作成の設定をプログラムにしておけば、かんたんにグラフを修正することができて便利です。

3-5-1 グラフが読み込むデータを決める

グラフをつくるには、もととなるデータが必要です。**Reference()関数**を使えば、グラフにしたいセルを範囲選択できます。セルを範囲選択したオブジェクトをReferenceオブジェクトと呼びます。

Reference()関数は、次のように使います。

```
Reference(Worksheetオブジェクト, min_col=データ取得をはじめる⏎
column位置, min_row=データ取得をはじめるrow位置, max_col=データ⏎
取得を終えるcolumn位置, max_row=データ取得を終えるrow位置)
```

たとえば、1列目の1行目～10行目までのセルの値を取得したい場合は、次のように指定します。列はアルファベットではなく数字で指定すること、数字は0からではなく1から数えることに注意してください。

```
Reference(ws, min_col=1, min_row=1, max_col=1, max_row=10)
```

3-5-2 グラフの種類を決める

グラフには、たくさんの種類があります。代表的なものは次のグラフでしょう。

BarChart (棒グラフ)
PieChart (円グラフ)
LineChart (折れ線グラフ)
ScatterChart (散布図)

OpenPyXLは、グラフ作成のためにそれぞれのグラフオブジェクトを用意しています。「openpylx.chart」内で定義されているので、フォントを扱うとき同様インポートしましょう。

どのグラフを作成するかを決めたら、**Chartオブジェクト**をつくります。Chartオブジェクトを使えば、選択したデータをもとにしたグラフを作成することができます。たとえば、棒グラフをつくる場合は次のように書きます。

```
chart1 = BarChart()
```

Chartオブジェクトは次のように、グラフのタイトル、グラフの横幅、グラフの高さなどの属性を指定できます。

```
chart1.title = "これはBar Chartです"
chart1.width = 20
chart1.height = 10
```

グラフの種類によって異なる属性をもつことに注意してください。たとえば、棒グラフでは、横軸や縦軸にタイトルをつけることができます。横軸に学年、縦軸に身長といった具合です。

```
barchart.x_axis.title = '学年'
barchart.y_axis.title = '身長'
```

しかし円グラフには横軸も縦軸も存在しないので、属性として指定ができません。Chartオブジェクトの内部的には、どんなオブジェクトでも共通でもつ属性情報と、前述したようなグラフ種別ごとに異なる属性情報は分けて管理されています。

3-5-3　グラフにデータをわたす

Chartオブジェクトがもつ**add_data()メソッド**を使うことで、Chartオブジェクトにグラフ作成に必要なデータをわたすことができます。

```
Chartオブジェクト.add_data(Referenceオブジェクト)
```


3-5-4　グラフをつくる

いよいよグラフの作成です。Worksheetオブジェクトの**add_chart()メソッド**で、シートにグラフを追加できます。

```
Worksheetオブジェクト.add_chart(Chartオブジェクト, 'グラフを追加するセル位置')
```

それでは、実際に例を作成してみましょう。これまでのおさらいとして、次の手順でつくっていきます。

1. Excelシートを新規作成する
2. A列のA1セルから順に0～9までの値を入力する
3. そのデータをもとに、棒グラフをC1セルに作成する
4. sample_chart.xlsxとしてファイルを保存する

棒グラフを作成するので、「from openpyxl.chart import BarChart」を行います。また、Reference()関数も使うので、同時にインポートしておきましょう。

▼プログラム3-12　棒グラフを作成する（add_chart.py）

```
01  import openpyxl
02  from openpyxl.chart import BarChart, Reference
03  
04  wb = openpyxl.Workbook()
05  ws = wb.active
06  for i in range(10):
07      ws.append([i])
```

```
08
09    ref_obj = Reference(ws, min_col=1, min_row=1, max_col=1, ⏎
      max_row=10)
10
11    chart = BarChart()
12    chart.title = 'sample chart'
13    chart.add_data(ref_obj)
14
15    ws.add_chart(chart, 'C1')
16    wb.save('sample_chart.xlsx')
```

6、7行目では、forループを使ってrange(10)の結果を1つずつ取り出し、Worksheetオブジェクトのappend()メソッドでA列に値を追加しています。

作成されたsample_chart.xlsxのC1セルに棒グラフが作成されていたら成功です。

▼図 3-15　棒グラフの作成

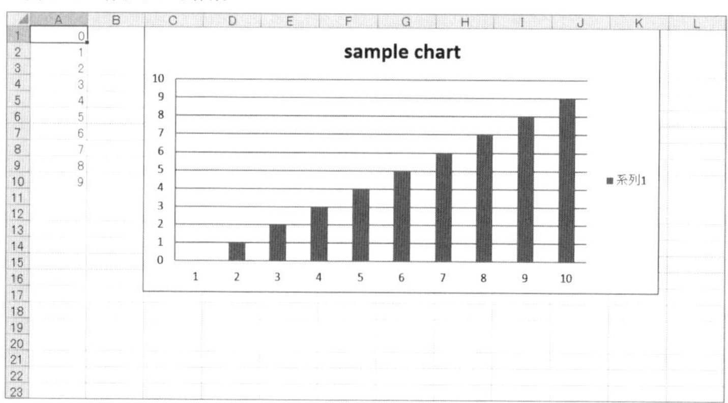

3-5-5 データから系列をつくる

さて、先ほど作成したグラフで「系列1」と書いてある部分は何でしょうか。これは明示的に設定した値ではないので、デフォルトの値が使われたと想像できます。**系列**は、同じ系統のデータをまとめたもののことです。たとえば「25.2℃」「23.5℃」「22.8℃」というデータのまとまりに「気温」という系列を設定するといった具合です。OpenPyXLの世界では、系列を**Seriesオブジェクト**として表します。Seriesオブジェクトは、Referenceオブジェクトをわたしてつくります。

```
ref_obj = Reference(ws, min_col=1, min_row=1, max_col=1, ↵
max_row=10)
series_obj = Series(ref_obj, title = 'sample series')
```

Seriesオブジェクトは、Referenceオブジェクトが参照しているデータに加え、系列のタイトルをもつことができます。上記の例では、「sample series」というタイトルをもつSeriesオブジェクトをつくっています。

Seriesオブジェクトのタイトルは、append()メソッドでChart オブジェクトにわたすことで利用できます。

```
chart.append(series_obj)
```

それでは、系列名「sample series」でグラフを再度作成してみましょう。今回はSeries()関数も使用するので、追加でインポートしておいてください。

▼プログラム 3-13　系列名のついた棒グラフを作成する（add_chart2.py）

```
01  import openpyxl
02  from openpyxl.chart import BarChart, Reference, Series
03
04  wb = openpyxl.Workbook()
05  ws = wb.active
06  for i in range(10):
07      ws.append([i])
08
09  ref_obj = Reference(ws, min_col=1, min_row=1, max_col=1, ↵
    max_row=10)
10  series_obj = Series(ref_obj, title='sample series')
11
12  chart = BarChart()
13  chart.title = 'sample chart'
```

```
14  chart.append(series_obj)
15
16  ws.add_chart(chart, 'C1')
17  wb.save('sample_chart2.xlsx')
```

▼図3-16　系列名のついた棒グラフの作成

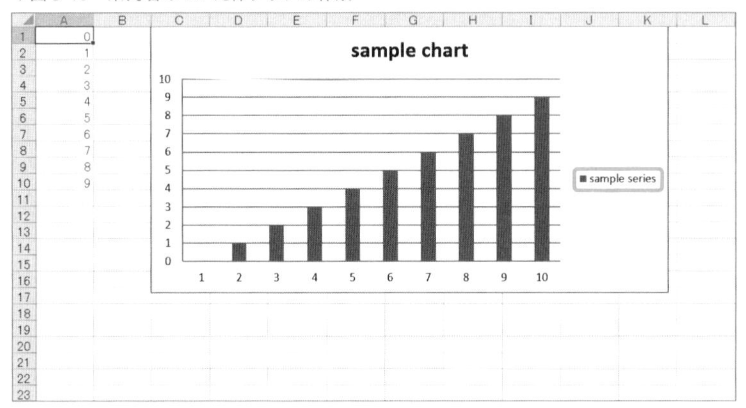

図3-15では「系列1」となっていた箇所が、「sample series」となっていることがわかります。Seriesオブジェクトをうまく活用することで、グラフのもととなるデータを効果的に管理しましょう。

PyCharmのコーディングアシスタンスについて

本書をここまで進めてこられたみなさんが当たり前のように利用している、PyCharmのコーディングアシスタンスについて改めて紹介します。コーディングアシスタンスは、みなさんがプログラムを書くにあたってのサポートをしてくれる便利な機能群です。たとえば次のような機能をもっています。

- コード補完：コードを書いている最中に、関数名などの次に連なるコードを推測し、候補を表示する

- シンタックスハイライト：コードの一部を、コードの意味に応じて異なる色やフォントで表示する

- コードフォーマッタ:プログラムを美しく書くために、適切なコードスタイルを自動で適用したり、教えてくれる[注2]

ほかにも便利な機能がたくさんあるので、興味がある方は公式サイトのコーディングアシスタンスのページをぜひご覧ください。

インテリジェントなコーディングアシスタンス
https://www.jetbrains.com/ja-jp/pycharm/features/coding_assistance.html

注2　2-5節のコラム「インデントは半角スペース4つ?」（p68）で紹介した、インデントを半角スペース4つに整えてくれるのは、PyCharmのコードフォーマッタの機能によるものです。

GitやGitHubでプログラムを管理しよう

ここでは紹介にとどめますが、GitやGitHubを使うことで、プログラムの変更履歴を管理したり、他者とコラボレーションしたり、プログラムの実行をクラウド上で行ったりできます。

Git

ファイルやプログラムのバージョン管理を行うためのツールです。バージョン管理とは、その名のとおり、ファイルの変更内容を履歴として管理することができます。

GitHub

Gitを使ったコラボレーションを実現するWebサービスです。現在のプログラムと新しいプログラムの変更履歴の差分を他者とやり取りしたり、他者のプログラムのコピーを自分の管理下に置いて、手元でかんたんに修正したりできます。

他者とプログラムについて意見交換することは、プログラムのブラッシュアップにもつながります。PyCharmからGitリポジトリをかんたんに操作することもできますので、興味のある方は以下の手順でお試しください。

1. GitHub のアカウントを登録する
   https://github.com/join

2. PyCharm から Git リポジトリをセットアップする
   https://pleiades.io/help/pycharm/set-up-a-git-repository.html

第4章

Googleスプレッドシート操作も自動化しよう

Googleスプレッドシートも Pythonで操作することができます。スプレッドシートは、Excelと同様に表計算ができるソフトウェアです。スプレッドシートをPythonで操作するための初期設定方法と、自動化のためのいくつかのサンプルプログラムを紹介します。

4-1 Googleスプレッドシートを操作するための初期設定

この節では、スプレッドシートを手元の環境から操作するための権限設定を行います。スプレッドシートの権限設定を変更するためには、Google Cloud Platformを利用するので、まず必要なGoogleアカウントを用意します。続いて、Pythonでスプレッドシートを操作するライブラリのインストールを行います。

4-1-1 Googleアカウントの作成

Googleアカウントは、無料で取得できるGmailアカウント（「@gmail.com」で終わるメールアドレス）やG Suiteのアカウントと同一です。アカウントをお持ちでない方は、下記のページからGoogleアカウントを作成してください[注1]。

Googleアカウントの作成
https://accounts.google.com/signup

4-1-2 Google Cloud Platformプロジェクトの作成

Google Cloud Platform（GCP）とは、Googleがクラウド上で提供するサービスの総称です。スプレッドシートをPythonで操作するためには、Google Cloud Platform上であらかじめ権限設定を行う必要があります。

注1　詳しくはGoogleの公式ヘルプを参照してください。
https://support.google.com/accounts/answer/27441

まずは、Google Cloud Platformにアクセスします。

Google Cloud Platform
https://console.cloud.google.com/

このとき、Googleアカウントへログインしていない場合は、ログインを行います。また、初めてGoogle Cloud Platformを利用する方は、利用規約への同意が求められるので、同意にチェックを入れて続行してください。最新情報をメールで受け取るかについてのチェックは任意です。

Google Cloud Platformのコンソール画面が表示されるので、画面上部にある「プロジェクトの選択」をクリックしてください。

▼図 4-1　Google Cloud Platform のコンソール画面

「プロジェクトの選択」ウィンドウで「新しいプロジェクト」を選択します。

▼図4-2　プロジェクトの選択

プロジェクトの作成画面が表示されるので、それぞれ次のように設定してください。

Gmailアカウントの方
・プロジェクト名：pygsheets
・場所：組織なし
G Suiteアカウントの方
・プロジェクト名：pygsheets
・組織：自社の組織名
・場所：「組織」と同じ

入力し終えたら「作成」ボタンをクリックします。これでGoogle Cloud Platformのプロジェクト作成は完了です。

4-1-3 スプレッドシートを操作するためのAPIを有効化する

APIは、あるソフトウェアが提供する機能や管理するデータを、外部のプログラムから呼び出して利用するためのものです。スプレッドシートをPythonで操作するためには「Google Drive API」と「Google Sheets API」の2つを有効化します。

画面左のメニューバーから、「APIとサービス」→「ライブラリ」を選択します。

▼図 4-3 API 有効化を行う画面を開く

画面をスクロールすると、「G Suite」の下に「Google Drive API」「Google Sheets API」が見つかるので、それぞれクリックします。

▼図 4-4 API を探す

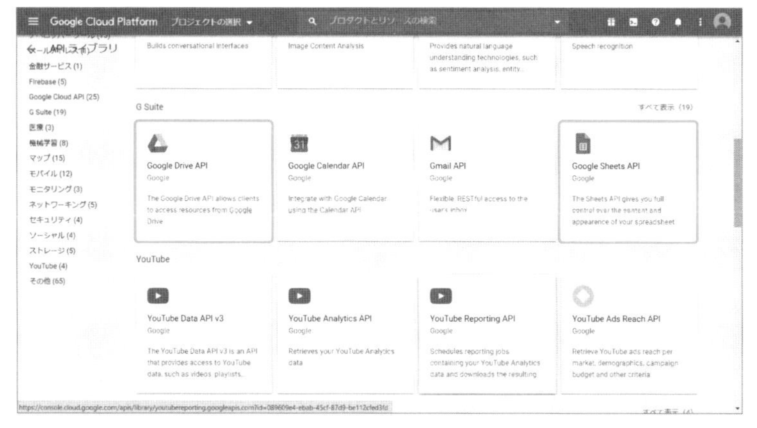

それぞれ次の画面で「有効にする」を選択すれば完了です。

▼図 4-5　Google Drive API の有効化

▼図 4-6　Google Sheets API の有効化

4-1-4　サービスアカウントを作成し、認証情報をダウンロードする

スプレッドシートをAPIで操作する準備が整いましたが、これはあくまでもスプレッドシート側がAPIによる操作を受け入れられる状態になっただけです。次に、誰がそのAPIを実行していいのかを設定しなければいけません。そのためにはプログラムが利用する、サービスアカウ

ントと呼ばれる特別なアカウントを準備し、サービスアカウントがもつ権限を実行するための認証情報をダウンロードしましょう。

Google Cloud Platformコンソール画面左上の3本線をクリックするとナビゲーションメニューが開くので、「IAMと管理」→「サービスアカウント」を選択します。

▼図 4-7 サービスアカウントの作成画面を開く

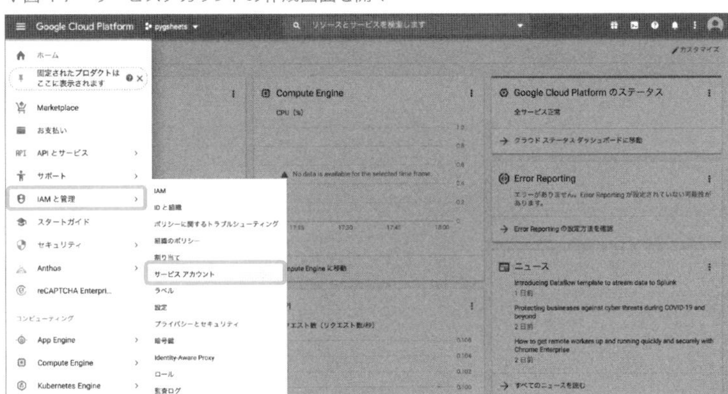

「サービスアカウントを作成」を選択します。

▼図 4-8 サービスアカウントの作成画面へ遷移する

サービスアカウント名を入力します。サービスアカウント名は任意ですが、ここでは「pygsheets-test」とします。サービスアカウントの説明は、空欄でも動作に問題はありません。入力を終えたら「作成」をク

リックします。

▼図 4-9　サービスアカウント名の入力

次に、サービスアカウントに与える権限を設定します。「ロールを選択」をクリックして、「Project」→「編集者」を選んで、「続行」をクリックしてください。

▼図 4-10　サービスアカウントの権限を設定する

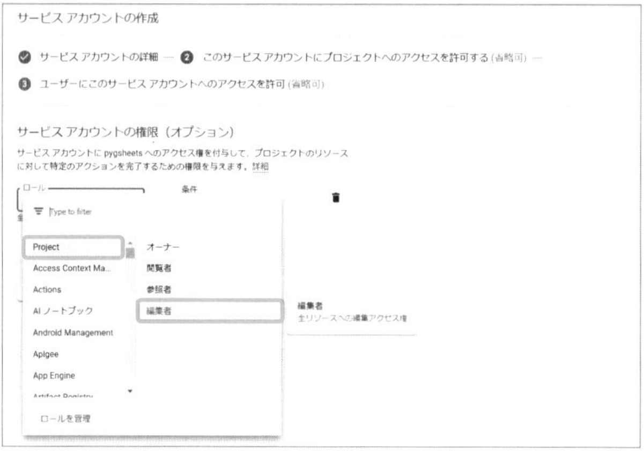

最後のステップの設定は不要ですので、「完了」をクリックしてください。

▼図 4-11　サービスアカウントの作成を完了する

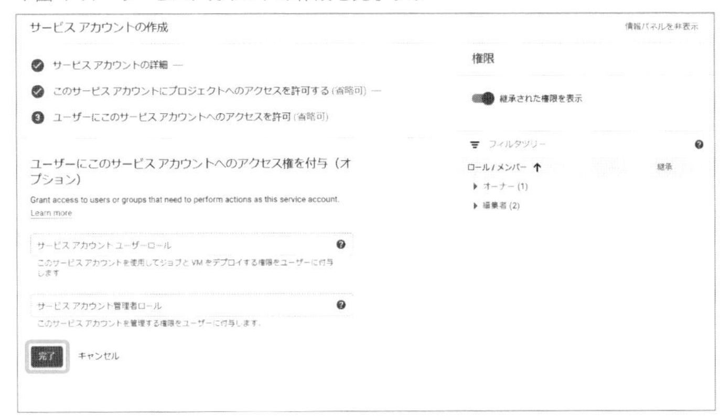

サービスアカウントの作成を完了すると、サービスアカウントの一覧画面が表示されます。作成した「pygsheets-test@pygsheets-xxxxxx.iam.gserviceaccount.com」をクリックしてください。

▼図 4-12　サービスアカウントの一覧画面

画面下部にある「鍵を追加」をクリックし、「新しい鍵を作成」を選択してください。キーのタイプを選択するポップアップが表示されるので、「JSON」を選択して「作成」をクリックします。すると、鍵のダウンロードがはじまります。

▼図 4-13　鍵を作成する

完了すると「秘密鍵がパソコンに保存されました」というメッセージが表示されるので、「閉じる」をクリックします。ここまでで、サービスアカウントの作成と、サービスアカウントを利用する認証情報の作成・取得が完了しました。

ダウンロードしたJSONファイルは、他人に公開しないようにしてください。パスワードと同じで、流出すると誰かに悪用される可能性があるためです。

4-1-5 利用ライブラリをインストールする

Pythonでスプレッドシートを操作するのに、pygsheetsというライブラリを利用します。2-6-2項のコラム「サードパーティライブラリ」(p78) を参考に、pygsheetsをインストールしてください。

これで、スプレッドシートをPythonで操作する準備ができました。

4-2 新しいスプレッドシートを作成する

事前準備として、PyCharmの「sample」プロジェクトの直下に新しいフォルダ「pygsheets」をつくり、pygsheetsフォルダの下にダウンロードした認証情報のJSONファイルを移動させておいてください。

それでは、ここからは実際にスプレッドシートをPythonで操作していきます。「A new spreadsheet」という名前で、白紙のスプレッドシートを作成してみましょう。なお、Googleスプレッドシートを操作する場合は、**pygsheetsモジュール**をインポートしてください。

▼プログラム 4-1　スプレッドシートの作成（create_spreadsheet.py）

```
01  import pygsheets
02  
03  # Google Cloud PlatformからダウンロードしたJSONファイルを指定
04  gc = pygsheets.authorize(service_file='pygsheets-⏎
    xxxxxxxxxxxx.json')
05  sp = gc.create('A new spreadsheet')
06  # 編集権限を指定
07  sp.share('example@gmail.com', role='writer')
08  
09  print('https://docs.google.com/spreadsheets/d/' + sp.id)
```

4行目の「xxxxxxxxxxxx」はダウンロードしたJSONファイル名のpygsheets-以下の英数字に、7行目の「example@gmail.com」はみなさんのGoogleアカウントのメールアドレスに、それぞれ書き換えてください。

プログラムを実行すると、スプレッドシートのURLが出力結果に表示されます。URLをクリックして、作成されたスプレッドシートにアクセスできれば成功です。

なお、「googleapiclient.errors.HttpError」というエラーメッセージが表示され、スプレッドシートの作成に失敗する場合があります。この場合、10分程度時間をあけて再実行してください。

▼図 4-14　作成したスプレッドシート

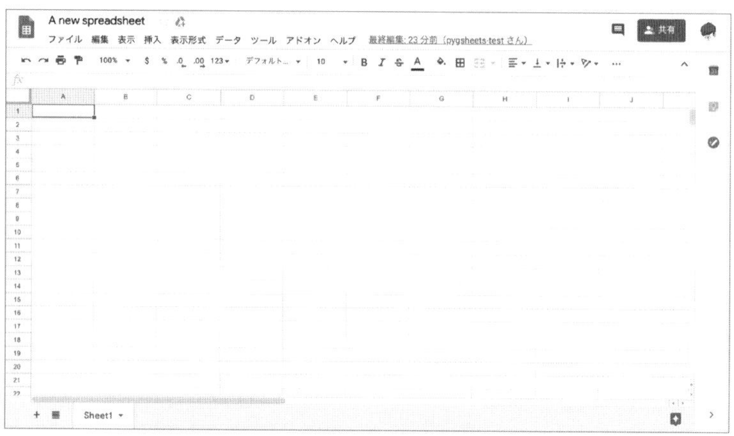

このプログラムの処理を、順を追って説明します。

4-2-1 プログラムが API にアクセスできるよう設定する

まず、4-1節でダウンロードした認証情報であるJSONファイルをservice_fileとして指定し、認可（**authorize()メソッド**）を実行します。認可とは、特定の操作を許可するという意味です。今回の場合は、Googleスプレッドシートに対する操作ができるように認可を行います。

pygsheets.authorize()は、Googleスプレッドシート操作をするためのクライアントを返します。ソフトウェアの世界における「クライアント」とは、ほかのソフトウェアから機能や情報の提供を受ける側のソフトウェアないしはコンピュータを指します。“G”oogle Sheets APIを利用する“C”lientなので、gcという変数名にしています。

```
gc = pygsheets.authorize(service_file='pygsheets-xxxxxxxxxx⏎
xx.json')
```

4-2-2 スプレッドシートを作成する

Google Sheets APIを操作する準備が整ったので、次は実際にスプレッドシートを作成します。**create()メソッド**に、スプレッドシートの名前を引数としてわたして実行することで、スプレッドシートを作成できます。spreadsheetなので、変数名はspとしています。

```
sp = gc.create('A new spreadsheet')
```


4-2-3 スプレッドシートの共有権限を変更する

この時点で作成されたスプレッドシートには、私たちGoogleアカウントユーザーがアクセスすることはできません。なぜなら、スプレッドシートを作成したのはユーザーではなく、4-1-4項で作成したサービスアカウントだからです。

▼図4-15　作成したスプレッドシートの権限関係

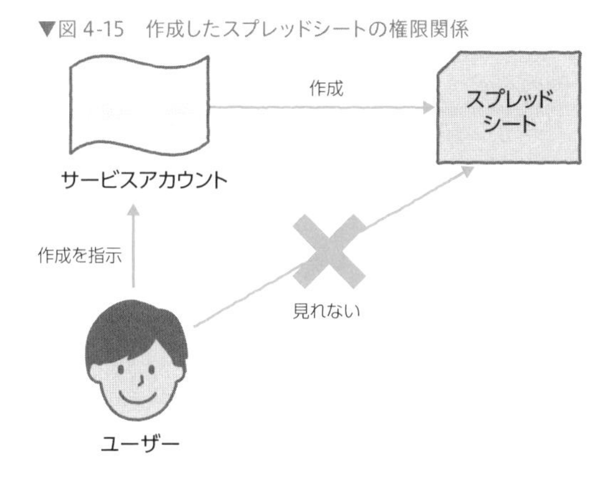

つまり、スプレッドシートのオーナー権限をもっているのはサービスアカウントであり、ユーザー（=みなさんのGoogleアカウント）ではありません。そのため、スプレッドシートを見るためには、作成したスプレッドシートをユーザーに共有させる必要があります。

▼図4-16　ユーザーに共有権限を与える

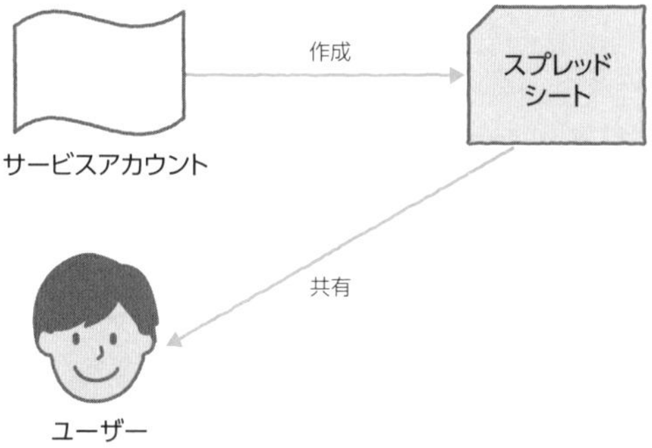

そこで、Spreadsheetオブジェクトがもつ**share()メソッド**を実行して、共有を行います。share()メソッドは、実行時に共有したいアカウントのメールアドレスと、与えたい権限を引数roleで指定します。権限は、Google Driveで統一された属性を利用します。Google Driveの代表的な権限には、次のようなものがあります。

▼表4-1　Google Driveの代表的な権限種別

権限種別	役割
owner(オーナー)	リソースに関するすべての操作を実行できる
writer(編集者)	リソースの閲覧権限、コメント権限に加え、編集ができる
commenter(コメント可)	リソースの閲覧権限に加え、コメントをすることができる
reader(閲覧者)	リソースの閲覧権限

今回は、作成したリソースを編集することができるwriter権限（編集者権限）を付与します。

```
sp.share('example@gmail.com', role='writer')
```

4-2-4 スプレッドシートのURLを表示する

最後に、作成したスプレッドシートにアクセスするためのURLを表示します。スプレッドシートのURLは、'https://docs.google.com/spreadsheets/d/'＋スプレッドシートのIDで構成されます。作成したスプレッドシートのIDを知るには、Spreadsheetオブジェクトのid属性を指定します。

```
print('https://docs.google.com/spreadsheets/d/' + sp.id)
```

新しいシートを追加する

新しいシートを追加するには、Spreadsheetオブジェクトのadd_worksheet()メソッドを実行します。引数として、新しいシートのタイトルをわたします。

```
sp.add_worksheet('A new worksheet')
```

また、引数として、新しいシートの行数(rows)と列数(cols)を指定することもできます。

```
sp.add_worksheet('A new worksheet', rows=1000, cows=26)
```

pygsheetsでは、rowsとcolsを指定せずに新しいシートを作成した場合、1,000行と26列(A～Z)のシートが作成されます。

4-3 セルの値を取得する

4-3-1 事前準備

プログラムを作成する前に、いくつか事前準備を行います。

●取得対象のスプレッドシートを用意する

まずは取得対象のスプレッドシート「shopping」を作成しましょう。スプレッドシートを作成するには、スプレッドシートのホーム画面から、「新しいスプレッドシートを作成」→「空白」を選択してください。

Google スプレッドシート　ホーム画面
https://docs.google.com/spreadsheets/u/0/

shoppingの中身を次のように入力します。

▼図 4-17　shopping スプレッドシート

shopping
ファイル　編集　表示　挿入　表示形式　データ　ツール
100%　¥　%　.0　.00　123　デフォルト...
fx

	A	B	C	D
1	2020/1/5	apples	100	2
2	2020/1/6	oranges	50	1
3	2020/1/6	bananas	200	1
4	2020/1/7	peaches	200	2
5	2020/1/8	grapes	500	1

サービスアカウントのメールアドレスを確認する

4-1-4項ででダウンロードした認証情報「pygsheets-xxxxxxxxxxxx.json」の中身を確認します。中身を確認するには、PyCharmでJSONファイルをダブルクリックしてください。JSONファイルの6行目に記載されているclient_email（pygsheets-test@pygsheets-xxxxxx.iam.gserviceaccount.com）が、スプレッドシートを作成したサービスアカウントのメールアドレス情報です。

権限設定を行う

次に、スプレッドシートをサービスアカウントからも読み取れるように権限設定を行います。4-2節ではサービスアカウントがスプレッドシートを作成したため、ユーザーに権限がありませんでしたが、今回はユーザーがスプレッドシートを作成したので、サービスアカウントに権限がない状態です。

▼図 4-18　スプレッドシートを作成した直後の権限関係

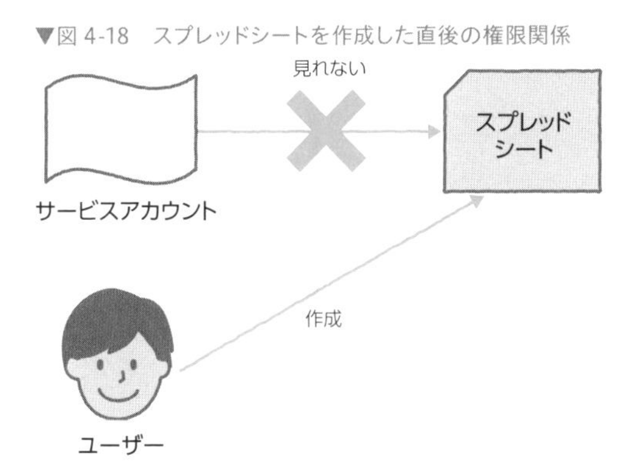

つまり、スプレッドシートに対する権限をサービスアカウントに共有する必要があります。

▼図 4-19　サービスアカウントからスプレッドシートを操作できるように設定

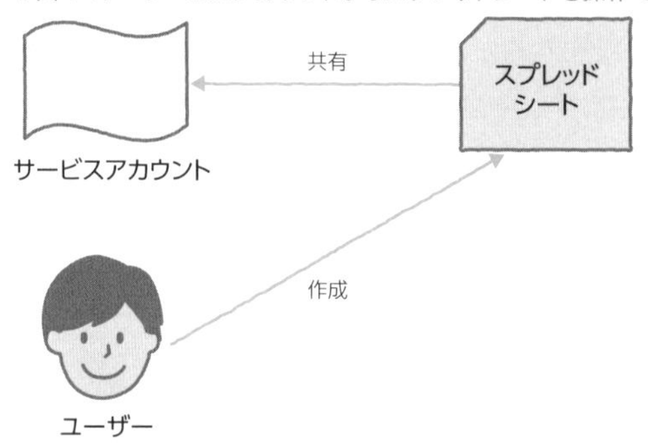

スプレッドシートの画面右上に「共有」ボタンがあるので、選択してください。「ユーザーやグループを追加」と記載された欄に、先ほど確認したサービスアカウントのメールアドレスを入力します。

▼図 4-20　スプレッドシートの編集権限をサービスアカウントに共有する

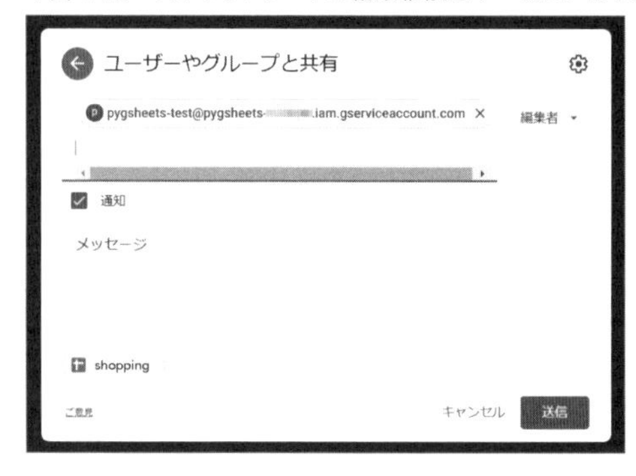

メールアドレスを入力すると、メールアドレス横に「編集者」と表示されます。これは、共有先のアカウントに与えたい権限種別です。今回は、4-4 節でセルの編集操作も行いたいため、「編集者」の権限を付与します。通知は不要のためチェックをはずし「送信」ボタンをクリックすれば、権限設定は完了です。

前置きが長くなりましたが、セルの値を取得するプログラムの例を見てみましょう。プログラム 4-2 は、B1 セルの値を表示しています。

▼プログラム4-2 セルの値を取得する (get_cell.py)

```
01  import pygsheets
02  
03  gc = pygsheets.authorize(service_file='pygshe⏎
    ets-xxxxxxxxxxxx.json')
04  sp = gc.open_by_key('xxxxxxxxxxxxxxxxxxxxxxxxxxxxxxxxxxx⏎
    xxxxx')
05  
06  wks = sp.worksheet('index', 0)
07  value = wks.cell('B1').value
08  print(value)
```

▼実行結果

```
apples
```

3行目は4-2節で説明した内容と同じです。

4-3-2 スプレッドシートを開く

4行目では**open_by_key()メソッド**を使って、既存のスプレッドシートを開きます。open_by_key()メソッドの引数には、開きたいスプレッドシートのIDをわたします。

```
sp = gc.open_by_key('xxxxxxxxxxxxxxxxxxxxxxxxxxxxxxxxxxxxxxxx')
```

4-2節で説明したとおり、スプレッドシートのURLは「'https://docs.google.com/spreadsheets/d/'＋スプレッドシートのID」で構成されます。たとえば、筆者が先ほど作成したshoppingのスプレッドシートのURLは、次のようになっています。

https://docs.google.com/spreadsheets/d/1iONW2lt23IM74J7A2RysUVes-06kGxJbgZlz7sTeZlY/edit#gid=0

このうち「1iONW2lt23IM74J7A2RysUVes-06kGxJbgZlz7sTeZlY」が、スプレッドシートのIDです。また、URL最後の「#gid=0」の0は、

ワークシートのIDを示します。

4-3-3 セルの値を取得する

Spreadsheetオブジェクトとコmオブジェクトの関係性

open_by_key()メソッドで取得したSpreadsheetオブジェクトからセルの値を取得するには、次の図を理解する必要があります。

▼図4-21　スプレッドシートのオブジェクトの関係性

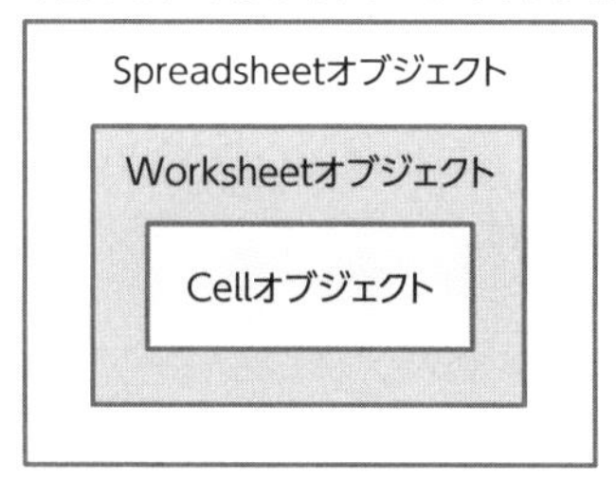

Spreadsheetオブジェクトには、複数のWorksheetオブジェクトが存在し、Worksheetオブジェクトには複数のCellオブジェクトが存在します。つまり、今回、Spreadsheetオブジェクトからセルの値を取得するには、まずWorksheetオブジェクトを取得する必要があります。このオブジェクトの関係性は、3-2-2項で説明したOpenPyXLのオブジェクトの関係性とまったく同じです。

ワークシートを取得する

Worksheetオブジェクトを取り出すには、**worksheet()メソッド**を使います。ワークシートを引数で指定する方法は、3つあります。

▼インデックス(index)：0、1、…の順にシートの位置を指定する

```
wks = sp.worksheet('index', 0)
```

▼タイトル(title)：シートのタイトルを指定する

```
wks = sp.worksheet('title', "シート1")
```

▼ ID (id)：ワークシートの ID（スプレッドシート URL 最後の「#gid=」に続く数字）を指定する

```
wks = sp.worksheet(id, 0)
```

セルを取得する

Worksheetオブジェクトからcellオブジェクトを取り出すには、**cell() メソッド**を用います。セルラベル、もしくは行と列をタプルで表現し、セルのアドレスを指定します。

▼セルラベル

```
wks.cell('B1')
```

▼行と列をタプルで指定

```
wks.cell((1,2))
```

セルの値を取り出す

セルの値を取り出すには、Cellオブジェクトがもつ**value属性**を用います。

```
wks.cell('B1').value
```

Worksheetオブジェクトには、ここで紹介した以外にもセルの値を取り出す便利なメソッドがあります。

▼表 4-2　Worksheet オブジェクトからセルの値を取り出すメソッド

メソッド	解説
get_col()	列番号を数字で指定し、列の値をリスト型で取り出す
get_row()	行番号を数字で指定し、行の値をリスト型で取り出す
get_all_values()	対象シートの値をすべて取り出すことができる。1つの行をリスト型で表現し、行数分のリストを束ねたリスト型（マトリックス型）として値を取り出す

4-4 セルの値を編集する

本節でも、4-3節で作成したスプレッドシート「shopping」を使います。セルの値を編集するためにスプレッドシートの権限が必要ですが、すでに4-3-1項で編集権限を付与しているので、権限設定の準備は必要ありません。

C1セルの値を150に書き換えてみましょう。

▼プログラム4-3　セルの値を編集する (update_cell.py)

```
01  import pygsheets
02
03  gc = pygsheets.authorize(service_file='pygsheets-xxxxxxxx⏎
    xxxx.json')
04  sp = gc.open_by_key('xxxxxxxxxxxxxxxxxxxxxxxxxxxxxxxxxx⏎
    xxxxxxxxx')
05
06  wks = sp.worksheet('index', 0)
07  wks.update_value('C1', 150)
```

4行目まではセルの値を取得するプログラムと同じです。

セルの値を編集するには、Worksheetオブジェクトの**update_value()メソッド**を実行します。引数として、セルのアドレス ('C1') と、編集後の値 (150) をわたします。なお、セルのアドレスは、cell()メソッドを使う際と同様に、行と列をタプルでわたすことでも指定できます。

```
wks.update_value((3, 1), 150)
```

今回は、セルの値を編集する方法として紹介しましたが、セルに値を新しく入力する場合も同様の方法で行います。また、「update_value('C1', '')」のように空文字を値として入力することで、セルの値を削除できます。

第5章

Excel作業の前工程・後工程を自動化しよう

第3章と第4章ではExcelやスプレッドシート操作そのものを自動化しました。本章では、Excel操作の前後にある作業をPythonで実行する方法について紹介します。定型的なオフィス業務の多くを自動化・効率化することができるでしょう。

5-1 フォルダ・ファイル操作

「Pythonで生成したファイルを特定のフォルダに格納したい」「あるルールに従い、フォルダを一括生成する必要がある」このようなシーンに対応するため、フォルダやファイル操作をPythonで行いましょう。

5-1-1 絶対パスと相対パス

フォルダやファイル操作をプログラムで行うためには、「どこにファイルを移動するのか」「どこにフォルダを作成するのか」といった場所に関する情報を指定することが必要です。指定方法は2つあります。

- 絶対パス：絶対的な位置の記述
- 相対パス：今自分がいる場所を起点にした位置の記述

たとえば道案内をする際に、「東京都港区の…」と住所で説明する場合は、自分が今どこにいようとも同じ場所を案内できるため、絶対パスです。一方、「この道をまっすぐ行って、突き当りを…」という説明は、今自分がいる場所を起点にして案内しているので相対パスになります。

絶対パス

みなさんが普段利用しているOSは、自分がいる場所に関する情報をツリー構造で表せます。WindowsならばCドライブ、LinuxやMacならばルート（root）を基準とし、目的のファイルやフォルダまでのパスを記述するのが絶対パスです。次の図は、Windowsにおけるツリー構造の一部を示した例です。

▼図 5-1　ツリー構造の例

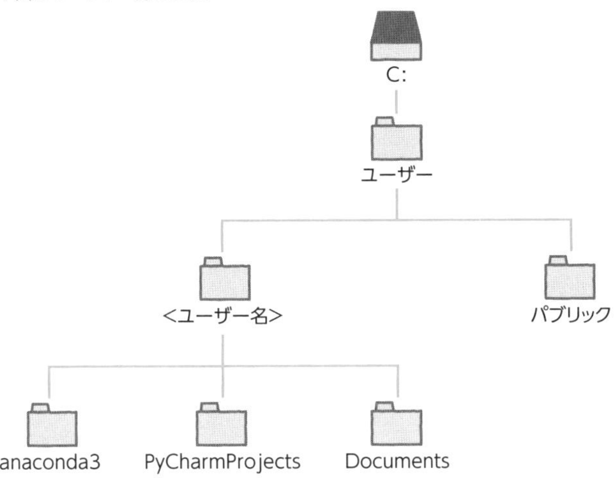

図5-1の場合、PyCharmProjectsフォルダの場所を示す絶対パスは、「C:\ユーザー\<ユーザー名>\PyCharmProjects」です。**MacやLinuxの場合は、「\」ではなく「/」で各フォルダを区切ります。以降のパスは「\」で表記するので、Macをお使いの方は適宜読み替えてください。**

相対パス

相対パスの表記ルールは、とてもシンプルです。自分が現在操作しているフォルダをピリオド1つ「.」で表し、1つ上の階層のフォルダをピリオド2つ「..」で表します。

5-1-2　フォルダにあるファイルを一覧表示する

では実際に、パスを使ったフォルダ操作を行っていきましょう。PyCharmの「sample」プロジェクトに新しく「os」という名前のフォルダをつくってください。

現在のフォルダの場所を確認する

osフォルダの中に、現在自分がいるフォルダの場所を確認するプログラム「getcwd.py」を作成します。getcwdは、get current working directoryの略で、現在作業を行うディレクトリー[注1]を取得するという意味です。

▼プログラム5-1　現在の作業ディレクトリーを表示する（getcwd.py）

```
01  import os
02
03  path = os.getcwd()
04  print(path)
```

▼実行結果

```
C:\Users\<ユーザー名>\PycharmProjects\sample\os
```

このプログラムをつくった時点でのディレクトリーの位置関係は次のようになっています。

▼図5-2　getcwd.pyのディレクトリー構成

```
sample ← PyCharmのプロジェクトフォルダ
└ os ← 先ほど作成したosフォルダ
   └ getcwd.py ← 今回作成したプログラム
```

osモジュールはあらかじめPythonにインストールされていて、OSに依存しているさまざまな機能を使うためのモジュールです。osモジュールの**getcwd()関数**を用いることで、現在自分がいるフォルダ（カレントディレクトリーと言います）を絶対パスで表示することができます。PyCharmでは、Usersディレクトリー\個人ユーザーディレクトリーの配下にPyCharm用のフォルダ（PycharmProjects）がつくられます。さらに、その配下にPyCharmの各プロジェクトごとのフォルダ（本書ではsample）がつくられています。

注1　私たちが普段使用してるGUIのOSでファイルを格納する「フォルダ」のことを、CUIのOSでは「ディレクトリー」と呼びます。表記が異なるだけで同じものです。

現在のフォルダにあるファイルの一覧を表示する

同じくosフォルダ内に、カレントディレクトリー内にあるファイルを一覧表示するプログラムを書いてみましょう。

▼プログラム 5-2　同じディレクトリー内のファイルを一覧表示する（list_current_dir.py）

```
01  import os
02  
03  path = os.getcwd()
04  files = os.listdir(path)
05  
06  print(files)
```

▼実行結果

```
['getcwd.py', 'list_current_dir.py']
```

list_current_dir.pyを作成した時点でのosフォルダ配下は、次のような状態になっています。同じosフォルダ配下にあるファイルが出力されたことが確認できました。

▼図 5-3　osフォルダ内のファイル構成

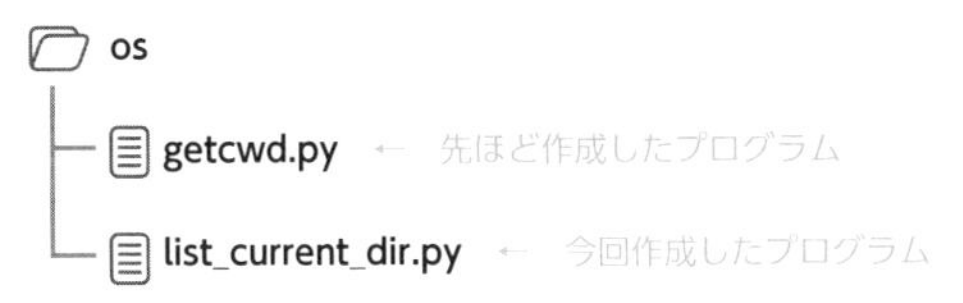

特定フォルダ内にあるファイルを一覧表示するには、同じくosモジュールの**listdir()関数**を使います。引数に、ファイルを表示したいディレクトリーのパスをわたします。今回の場合は、getcwd()で取得したカレントディレクトリーを指定しています。カレントディレクトリーには、先ほど作成した「getcwd.py」と今回作成した「list_current_dir.py」だけが存在していることが確認できました。

PyCharm プロジェクト直下のファイルを一覧表示する

PyCharmプロジェクト直下のファイルも一覧表示してみましょう。

osフォルダ内に「list_pycharm_dir.py」プログラムをつくり、相対パスでPyCharmプロジェクトフォルダを指定します。

▼プログラム5-3　相対パスでフォルダ指定する（list_pycharm_dir.py）

```
01 import os
02
03 path = '..\\'
04 # Macの人はpath = '../'
05 files = os.listdir(path)
06
07 print(files)
```

▼実行結果

```
['calc.py', 'calc2.py', 'calc_string.py', … , while.py]
```

5-1-1項で解説したとおり、ピリオド2つの「..」は1つ上の階層のフォルダを指します。今回は、osフォルダを起点とし、1つ上の階層を示すため、PyCharmのプロジェクトフォルダを参照します。第2章で、PyCharmプロジェクト直下に作成したPythonファイルなどが出力されているはずです。

なお、「\」を2つ重ねて「\\」と書いていますが、誤植ではありません。Pythonでは、文字「\」はほかの文字と組み合わせることで特別な意味をもち、こうした文字の組み合わせを**エスケープシーケンス**と呼びます。そのため、文字列の中で文字「\」を表す際には、エスケープシーケンスではないことを示す必要があり、「\\」と表す必要があるのです。ただし、Macの方は「/」でそのまま指定できます。

再帰的にフォルダの中身を表示する

プログラム5-3の実行結果を見てみると、たとえばosフォルダの中にあるファイルなど、出力結果の中にあるフォルダ（サブフォルダと呼びます）の中身までは表示されていません。では、サブフォルダの中身を表示したいときはどうすればいいのでしょうか？

こういった場合には、再帰的なファイル検索を実行できる**globモ**

ジュールを使用すると便利です。「再帰的」とは、「自己の行為の結果が自己に戻ってくること」を意味します。サブフォルダが存在すれば、サブフォルダに対しても、フォルダ内のファイルを出力します。さらに、サブフォルダの中のサブフォルダに対しても同様にファイル出力を実行することによって、特定フォルダ内のファイルを一気に出力することができる便利なものです。

▼プログラム 5-4　再帰的にフォルダの中身を取得する（list_dir_recursive.py）

```
01  import glob
02
03  files = glob.glob('..\\**', recursive=True)
04  print(files)
```

▼実行結果

```
['..\\',     , '\\os', '\\os\\getcwd.py',     , while.py]
```

globモジュールを使った再帰的な検索は、引数「recursive=True」をわたし、ファイルパスの末尾に「**」を使います。osフォルダ内にある本プログラム（list_dir_recursive.py）のパスが「..\\os\\list_dir_recursive.py」として出力されており、再帰的にフォルダの中身が表示されていることが確認できました。

5-1-3 フォルダを作成する

プログラムでフォルダ作成をすると、たとえば、特定の命名規則に従ったフォルダ生成を自動化・効率化することができます。osフォルダ内に次のプログラムを作成してみましょう。

▼プログラム 5-5　フォルダを作成する（make_dir.py）

```
01  import os
02
03  os.makedirs('tmp', exist_ok=True)
04  print(os.listdir('.'))
```

▼実行結果

```
['getcwd.py', 'list_current_dir.py', 'list_pycharm_dir.⏎
py', 'make_dir.py', 'tmp']
```

osフォルダの下にtmpという名前のフォルダが作成されたことが確認できました。tmpはtemporary（一時的）の略で、動作検証で一時的に作成したフォルダであることを、あとからひと目で判別できるように意図して命名しています。フォルダを作成するには、**makedirs()関数**を使用します。引数に作成したいフォルダ名をわたすだけでフォルダを作成することができます。また、引数にexist_ok=Trueをわたすと、フォルダがすでに作成されていてもエラーが発生しません。そのため、上記のプログラムは何度実行してもかまいません。

5-1-4 ファイルの書き込みと読み込み

プログラム上でファイルを作成して書き込んだり、読み込んだりすることもできます。osフォルダの下に次のプログラムを作成し、実行してください。

▼プログラム 5-6　テキストファイルを書き込む（make_txt.py）

```
01  with open('.\\file.txt', 'x') as f:
02      f.write('sample text')
```

実行すると、カレントディレクトリーに「file.txt」というテキストファイルが作成されます。「file.txt」の中身は、「sample text」となります。ほかのディレクトリーに作成したい場合は、file.txtのパス指定を変更してください。

open()関数

Pythonでは**open()関数**を用いることで、ファイルの読み書きを行います。引数には、作成したいファイル名、モードオプション、encodingオプション、newlineオプションなどを指定します。

モードオプションは、ファイルの開き方を指定するものです。

▼表 5-1　代表的なモードオプション

モード	意味
r	読み込み用に開く（デフォルトのモード）
w	書き込み用に開き、ファイルが存在する場合は内容を破棄して上書きする
x	生成用に開き、ファイルが存在する場合は失敗する
a	書き込み用に開き、ファイルが存在する場合は末尾に追記する
b	バイナリモードで開く（画像などのファイル読み書き時に使用）※ほかのモードと組み合わせて、rb や wb のように使う

今回はファイルを新規作成するため、xモードを使用しました。xモードは、ファイルが存在しない場合のみ（＝新規作成時のみ）ファイルを開くことができます。すでに存在するファイルに書き込み処理を行う場合は、wモードやaモードを指定します。モードオプションを指定しない場合は、読み込み用のrモードになります。

Column

モードオプションw、x、aの選び方

プログラム5-6では、なぜわざわざ二度実行するとエラーになるxモードを使うのでしょうか？　2-3-2項のコラム「ミュータブルとイミュータブル」（p58参照）で説明したとおり、プログラムは誤った処理を実行するくらいであれば、何もしないほうがマシです。ファイル新規作成のプログラムを複数回実行し、意図せずデータが上書きされることを防ぐには、はじめから再編集をできないようなプログラムにすればいいのです。これらをまとめると、一度だけ作成処理を実行したい場合はxモード、一度作成したファイルを同じプログラムで再度編集したい場合はwモードやaモードを使うことをおすすめします。

encodingオプションは、テキストエンコーディングを指定します。みなさんも「UTF-8」や「Shift-JIS」といった言葉を聞いたことがあるのではないでしょうか。テキストエンコーディングは、テキストデータの形式を変更することです。開こうとするファイルのエンコードと、エンコーディングのオプション指定が一致しないと文字化けが発生する可能性があります。open()関数のデフォルトエンコーディングはOSなどのプラットフォームに依存するため、テキストデータが開けない場合は、encodingオプションの指定を行います。5-2-1項「文字列を検索する」（p149）にて、具体的なオプション指定方法と使いどころを説明します。

newlineオプションは、改行コードを制御します。改行コードは、プログラムで改行を扱うために使用します。newlineオプションを使用した改行コードの制御については、5-3-1項「CSVの出力」（p157）で具体的な指定方法と使いどころを紹介します。

withブロック

open()でファイルを開いたら、ファイルを閉じる処理close()も行わないといけません。しかし**withブロック**を使うことで、ブロックの終了時に自動的にクローズを行うことができます。close()忘れはエラーを生むもとになります（ファイルは、同時に開くことができる数に制限があるため）。withブロックを使うと、close()の実行忘れを懸念しなくていいため便利です。

「`with open(...) as 変数:`」の変数はファイルオブジェクトです。ここで指定した変数名（今回はf）で扱われるようになります。変数名は任意ですが、fileの頭文字「f」がよく使われます。

ファイルオブジェクト

ファイルオブジェクトの**write()メソッド**を使うと、開いたファイルに書き込みを行えます。引数でわたした文字列をファイルに書き込むことができるので、今回作成したfile.txtには「sample text」と書かれているはずです。

ファイルを読み込むには、プログラム5-7のようにファイルオブジェクトの**read()メソッド**を実行します。先ほど、open()関数は引数に作成したいファイル名と、ファイルを開くモードを指定すると書きましたが、デフォルトは読み込みモード「r」（読むという英単語readの頭文字）

です。今回は読み込み処理のみ行うので、open()の引数はファイル名のみ指定しました。

▼プログラム 5-7 テキストファイルを読み込む（read_txt.py）

```
01 with open('.\\file.txt') as f:
02     text = f.read()
03     print(text)
```

▼実行結果

```
sample text
```

5-1-5 ファイルを移動する

ここまでの操作で、osフォルダ内のファイル構成は次のような状態になっています。

▼図 5-4 現在のファイル構成

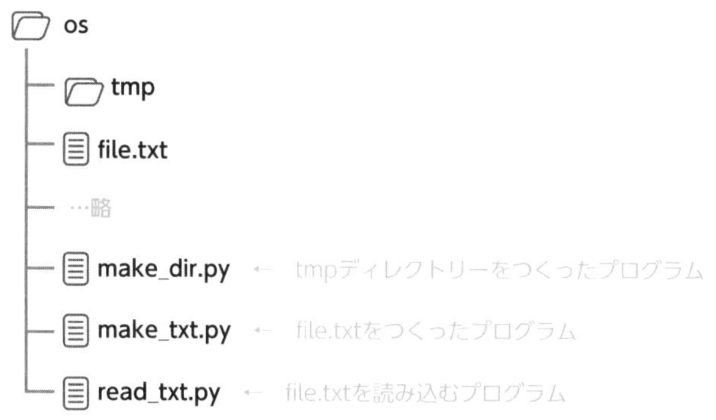

file.txtをtmpフォルダの下に移動させて、次の状態にするプログラム「move_file.py」をつくりましょう。

▼図5-5　file.txtをtmpフォルダ直下に移動させる

▼プログラム5-8　ファイルの場所を移動する（move_file.py）

```
01  import shutil
02
03  new_path = shutil.move('.\\file.txt', 'tmp\\')
04  print(new_path)
```

▼実行結果

```
tmp/file.txt
```

ファイルやファイルの集まりに対する操作を行うには、**shutilモジュール**を利用すると便利です。shutilモジュールの**move()関数**を使うことで、ファイルの場所を移動することができます。第1引数が移動対象となるファイルパスで、第2引数が移動先のパスです。実行結果として、移動先のパスを返します。第2引数を次のようにパスを含んだファイル名で指定すると、ファイルの移動とファイル名の変更を同時に行うこともできます。

```
new_path = shutil.move('.\file.txt', 'tmp/fixed_file.txt')
```

●ファイルのコピー

shutilモジュールの**copy()関数**を用いるとファイルのコピーも実現できます。file.txtをカレントディレクトリー配下にコピーしてみましょう。

▼プログラム 5-9　ファイルをコピーする (copy_file.py)

```
01  import shutil
02
03  shutil.copy('tmp\\file.txt', '.\\')
```

copy_file.pyの実行が完了すると次の状態になります。

▼図 5-6　file.txt を os フォルダ直下にコピーする

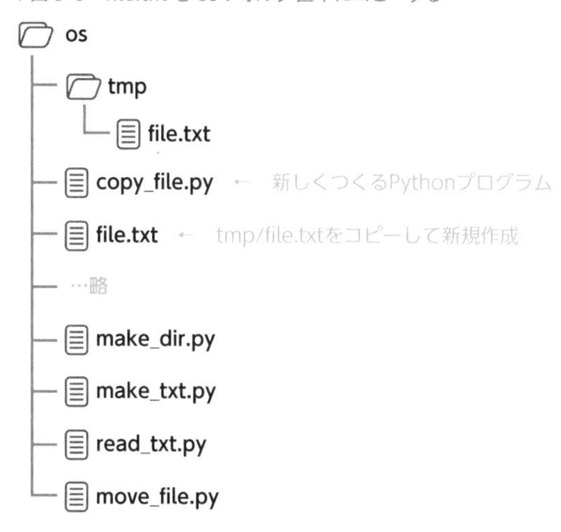

フォルダのコピー

copytree()関数を使うと、フォルダの中身ごとコピーを行うことができます。使い方は、copy()関数と同じく、第1引数に移動前フォルダ名、第2引数に移動先フォルダ名を指定すれば完了です。

```
shutil.copytree('.\\sample', '.\\sample_backup')
```

ファイル名の変更

ファイル移動とほぼ同じ要領で、ファイル名の変更を実行することもできます。osモジュールの**rename()関数**に、変更前ファイル名、変更後ファイル名をわたせばOKです。

▼プログラム 5-10 ファイル名を変更する（rename_file.py）

```
01  import os
02  
03  os.rename('.\\tmp\\file.txt', '.\\tmp\\file2.txt')
```

tmp配下のファイル名が、file.txtから、file2.txtになったことが確認できれば成功です。

5-2 文字列操作

Pythonで文字列の操作を行うと、文章から特定の情報を抽出したり加工したりすることがかんたんになります。「単に文字列を検索するだけならExcelでやればいいのでは？」と思われるかもしれませんが、正規表現と呼ばれる表現方法をマスターすることで、より発展的な文字列検索を行うことも可能です。

PyCharmに「text_search」というフォルダをつくり、その中に次のテキストファイルをつくってください。本節をとおして、このファイルを検索対象のテキストファイルとして使用します。

▼file.txt

```
東京タワーの郵便番号は105-0011で、東京スカイツリーの郵便番号は↵
131-0045です。
```

5-2-1 文字列を検索する

まずは、文字列が含まれるかどうかを判定する単純なプログラムをつくりましょう。

▼プログラム5-11 特定の文字列が含まれるかどうか判定する (find.py)

```
01 with open('.\\file.txt', encoding = 'UTF-8') as f:
02     text = f.read()
03 
04 if 'タワー' in text:
05     fd = text.find('タワー')
06     print('タワーという文字列が' + str(fd + 1) + '字目に含まれて↵
   います')
07 else:
08     print('タワーという文字列は含まれていません')
```

▼実行結果

```
タワーという文字列が3字目に含まれています
```

任意の文字列を含むか判定する

in演算子を使うと、任意の文字列が含まれるかどうかを判定できます。今回の場合は、「タワー」が含まれるかどうかを確認しています。file.txtにはタワーという文字列が含まれるので、結果はTrueとなり、ifブロックの処理が実行されます。

文字列が含まれる位置を判定する

文字列オブジェクトの**find()メソッド**を使うと、任意の文字列が含まれる開始位置を確認できます。開始位置は0から数えるので、「タワー」の場合は2となります。

▼図5-7

位置	0	1	2	3	4	…
文字	東	京	タ	ワ	ー	…

文字数はふつう1文字、2文字…と数えるので、出力の際+1するようにしました。

もし、任意の文字列が複数回含まれていたとしても、最初の文字列の位置のみを返します。今回のテキストファイルであれば、「東京」でfind()しても、返ってくるのは「東京タワー」の開始位置である0のみです。

encodingオプションの指定について

PyCharmはデフォルトの文字エンコードに「UTF-8」を使用します。5-1-4項「ファイルの書き込みと読み込み」(p142)で説明したように、open()関数のデフォルトのテキストエンコーディングはプラットフォーム依存です。そのため、作成したfile.txtの文字コードが「UTF-8」以外だった場合、デコード(エンコードの逆操作)で失敗しUnicodeDecodeErrorが発生します。

この問題を避けるため、本書では必要に応じてencoding='utf-8'を指定しています。

5-2-2 正規表現を使って文字列を検索する

正規表現とは

正規表現は、文字列のパターンを表現する記述方法のことです。たとえば、次のような書き方をします。

```
# Pythonから始まる文字列を検出する正規表現のパターン文字列
^Python.*

# 郵便番号（NNN-NNNN）を検出する正規表現のパターン文字列
\d\d\d-\d\d\d\d
```

正規表現は、「^」「.」「*」「\d」に代表される特別な意味をもったメタ文字と、「Python」「-」のような通常の文字（リテラル）の組み合わせで表現します。メタ文字は、たくさんの種類があります。

▼表5-2　代表的なメタ文字

表現	意味
.	改行を除くすべての文字のいずれか1文字
*	直前の文字を0回以上繰り返し(0回=その文字がない場合)
{N}	直前のパターンのN回の連続
^	行頭の位置
$	行末の位置
A|B	AかBのいずれか1文字
[X]	[] 内に指定した文字のいずれか1文字
[X-Y]	[] 内「-」の左右に指定した文字の、文字コード範囲内のいずれか1文字
[^X]	[] 内に指定した文字X以外のいずれか1文字
\d	数字1文字、[0-9]と同義
\D	数字以外の文字列の1文字
\w	すべてのアルファベットとアンダースコアのいずれか1文字

Pythonで正規表現を扱う

正規表現を使ってPythonプログラムを書きたい場合、標準ライブラリ**re**（regular expressionの略で、正規表現のこと）を使用します。それでは、さっそくreを使って正規表現を使ってみましょう。引き続きfile.txtを使用し、郵便番号を探すプログラムをつくります。

▼プログラム5-12　正規表現を使って文字列を検出する（postal_code_findall.py）

```
01 import re
02 
03 with open('.\\file.txt', encoding = 'UTF-8') as f:
04     postal_code_list = re.findall(r'\d\d\d-\d\d\d\d', ↵
   f.read())
05 
06 print(postal_code_list)
```

▼実行結果

```
['105-0011', '131-0045']
```

reモジュールの**findall()関数**を使うと、マッチした文字列をリストで取り出すことができます。引数には、検出したい正規表現と、検索対象となる文字列をわたしています。「\d」は数字1文字にマッチするので、郵便番号は「'\d\d\d-\d\d\d\d'」と表せます。この正規表現は、「'\d{3}-\d{4}'」とすることもできます。

raw文字列記法

正規表現の直前にある「r」は、raw文字列記法と呼びます。raw文字列記法を使うと、エスケープシーケンス（p140参照）を、そのままの文字として展開できます。一方、正規表現にも「\d」のように「\」を使用する場合があります。そこで、エスケープシーケンスではない「\」を使う際には、raw文字列記法を用いることが一般的です[注2]。

正規表現オブジェクト

プログラム5-12と同じ結果を返すもう1つのプログラムをご覧ください。

▼プログラム5-13　正規表現オブジェクトをつくって文字列を検出する（postal_code_findall_2.py）

```
01 import re
02 
03 postal_code_regex = re.compile(r'\d\d\d-\d\d\d\d')
04 
```

注2　PyCharmでは、今回のようにraw文字列記法を使うべき場面で使用していないと、「無効なエスケープシーケンスが使用されている」という警告メッセージとともに、該当箇所に黄色下線が表示されます。

```
05  with open('.\\file.txt', encoding = 'UTF-8') as f:
06      postal_code_list = postal_code_regex.findall(f.read())
07
08  print(postal_code_list)
```

▼実行結果

```
['105-0011', '131-0045']
```

「re.compile(r'\d\d\d-\d\d\d\d')」のように、reモジュールの**compile()関数**を使うことで、正規表現オブジェクトをつくることができます。正規表現オブジェクトをつくっておくことで、一度つくった正規表現を何度も呼び出す際に使いまわしができて便利です。reモジュールの関数のいくつかは、正規表現オブジェクトのメソッドとして使用することができます。6行目で呼び出しているfindall()メソッドは、reモジュールのfindall()関数と同じです。

5-2-3 検索一致した文字列の位置を調べる

5-2-2項では、正規表現で取り出した結果を文字列のリスト型で表示しました。ここでは、正規表現で検索一致した文字列の位置を正規表現オブジェクトの**search()メソッド**で調べます。

▼プログラム 5-14 検索一致した文字列の位置を調べる（postal_code_search.py）

```
01  import re
02
03  postal_code_regex = re.compile(r'\d\d\d-\d\d\d\d')
04
05  with open('.\\file.txt', encoding = 'UTF-8') as f:
06      postal_code_match = postal_code_regex.search(f.read())
07
08  if postal_code_match:
09      print(postal_code_match)
10      print(postal_code_match.group())
11      print(postal_code_match.start())
12      print(postal_code_match.end())
13      print(postal_code_match.span())
```

▼実行結果

```
<re.Match object; span=(11, 19), match='105-0011'>
105-0011
11
19
(11, 19)
```

search()とfindall()との大きな違いは、「返り値としてマッチオブジェクトを返すこと」と「パターン一致した1つ目の結果しか返さないこと」です。今回の場合は、postal_code_matchがマッチオブジェクトです。マッチオブジェクトがつくられたため、「if postal_code_match:」の判定がTrueとなり、ブロックの中の処理が実行されたことがわかります。

マッチオブジェクト

マッチオブジェクトは、マッチした文字列や、文字列の開始／終了位置などを取得できます。マッチオブジェクトのメソッドを使うことで、これらの情報を抽出できます。

- group()：マッチした文字列
- start()：開始位置
- end()：終了位置
- span()：開始位置と終了位置をタプルで取り出す

プログラム5-14の実行結果をみると、それぞれのメソッドの返り値を確認することができます。

5-2-4 文字列を置換する

検索してヒットした文字列を別の文字列に置き換えることもできます。file.txtの東京をTokyoに置換してみましょう。

▼プログラム 5-15　文字列を置換する (sub.py)

```
01  import re
02  
03  with open('.\\file.txt', encoding = 'UTF-8') as f:
04      text_mod = re.sub('東京', 'Tokyo', f.read())
05      print(text_mod)
```

▼実行結果

```
Tokyoタワーの郵便番号は105-0011で、Tokyoスカイツリーの郵便番号は↵
131-0045です。
```

reモジュールの**sub()関数**を使うことで、文字列を置換できます。引数には、検索パターン、置換後文字列、対象のテキストを指定します。検索パターンには、正規表現も利用できます。今回であれば、任意の一文字を示す「.」を使って「re.sub('.京', 'Tokyo', f.read())」としても同じ実行結果が得られます。正規表現オブジェクトのsub()メソッドとして「正規表現オブジェクト.sub()メソッド」のようにも呼び出すこともできます。この場合は、第1引数の「検索パターン」をあらためて書く必要はありません。

よりシンプルな文字列置換

文字列型オブジェクトのreplace()メソッドを使うことでも、文字列置換を行えます。

▼プログラム 5-16　文字列を置換する 2 (replace_txt.py)

```
01  text = '東京タワーと東京スカイツリー'
02  replaced_text = text.replace('東京', 'Tokyo')
03  print(replaced_text)
```

▼実行結果

```
Tokyoタワーと Tokyoスカイツリー
```

正規表現そのものは、それだけで1冊の本になるほど深いテーマです。興味のある方はぜひ調べてみてください。

format()メソッドで文字列に変数を埋め込む

文字列型オブジェクトのformat()メソッドを使用することで、文字列に変数を埋め込むことができます。こちらもプログラムを書き始めると使いたい場面が多く出てくるので、おさえておきましょう。

▼プログラム 5-17　文字列に変数を埋め込む (format.py)

```
01  created_date = '202001'
02
03  invoice_name = '請求書_{}'.format(created_date)
04  print(invoice_name)
```

▼実行結果

```
請求書_202001
```

format()メソッドは、引数にわたした変数を置換フィールド{}と置き換えることができます。format()メソッドには、次のように複数の変数をわたすこともできます。

▼プログラム 5-18　文字列に複数の変数を埋め込む (format2.py)

```
01  created_year = '2020'
02  created_month = '02'
03
04  invoice_name = '請求書_{0}年{1}月'.format(created_ye
    ar,created_month)
05  print(invoice_name)
```

▼実行結果

```
請求書_2020年02月
```

5-3 CSVデータの処理

CSVはComma Separated Valuesの略で、いくつかの項目を「,」のような区切り文字で区切ったテキストデータのことです。みなさんも一度は見たことがあるのではないでしょうか。CSVデータの取り扱いを知っておくことで、Webサービスからダウンロードしたデータの加工集計を自動化・効率化することができます。

5-3-1 CSVの出力

まずは、本節で学習するためのCSVファイルを作成します。「csv」フォルダを作成し、その直下にプログラムをつくりましょう。

▼プログラム 5-19 CSV ファイルを作成する (make_csv.py)

```
01  import csv
02
03  with open('sample.csv', 'x', newline='') as f:
04      w = csv.writer(f, delimiter=',')
05      w.writerow(['1', '2', '3'])
06      w.writerow(['4', '5', '6'])
```

csvフォルダに「sample.csv」が生成されていれば成功です。

▼図 5-8 csv フォルダのファイル構成

```
csv
├─ make_csv.py
└─ sample.csv
```

sample.csvは、次のような中身になります。

▼sample.csv

```
1,2,3
4,5,6
```

CSVに関する操作を行うには、**csvモジュール**を利用します。csvモジュールのWriterオブジェクトを使用すると、データをCSVに書き込むことができます。Writerオブジェクトは、**csv.writer()関数**の引数にファイルオブジェクトとdelimiterをわたしてつくることができます。delimiterは、区切り文字のことです。デフォルトでは「,」を使用しますが、任意の一文字を指定することもできます。**writerow()メソッド**はリストを引数として指定し、わたした引数を行単位でCSVに出力します。

newlineオプションの指定について

csv.writer()関数の引数には、5-1-4項で登場したopen()関数を使って作成したファイルオブジェクトをわたしています。CSVファイルをopen()関数で扱う際には、「newline=''」を指定することが推奨されています。csvモジュールは、デフォルトでプラットフォーム依存の改行処理を行うため、newlineオプションを指定しない場合、Windowsなどで余分な改行が追加される可能性があるためです。newlineオプションはほかにも使いどころはありますが、csvモジュール利用時にわたすファイルオブジェクトを扱う際は、「newline=''」を指定するよう心がけましょう。

5-3-2 CSVの読み込み

作成したCSVファイルを読み込んでみましょう。

▼プログラム5-20　CSVファイルを読み込む（read_csv.py）

```
01  import csv
02
03  with open('sample.csv', 'r', newline='') as f:
04      r = csv.reader(f)
05      for row in r:
```

```
06          print(row)
```

▼実行結果

```
['1', '2', '3']
['4', '5', '6']
```

CSVの中身を各行ごとにリストとして出力したことが確認されました。csvモジュールのReaderオブジェクトを使用すると、CSVの各行をリストのイテラブルとして扱うことができます。

5-3-3 CSVの加工

CSVの読み込みと出力を組み合わせると、加工もできますが、ここでは第6章で紹介するpandasというライブラリを使う方法を紹介します。

▼プログラム 5-21　CSVファイルを編集する（edit_csv.py）

```
01  import pandas as pd
02
03  df = pd.read_csv('sample.csv', header=None)
04  df.loc[0] = ['10', '20', '30']
05  df.to_csv('sample2.csv', index=False, header=None)
```

新規作成されたsample2.csvの中身が次のようになっていれば成功です。

▼sample2.csv

```
10,20,30
4,5,6
```

read_csv()関数でCSVを読み込み、DataFrameというオブジェクトを作成します。DataFrameは表形式のデータ構造をもち、行番号0（＝もとのCSVファイルの1行目）のデータを「df.loc[0] = ['10', '20', '30']」とすることで上書きしています。最後に、**to_csv()メソッド**を用いて、CSVファイルに書き出して処理が完了です。「index=False」「header=None」は、それぞれpandasにCSVを読み込んだ際に自動で付与される情報を無効にする設定です。

5

5-4 Webからデータを取得しよう

みなさんの中には、Webから取得したデータをExcelで分析したいという方もいるでしょう。Webからデータを取得すると一言で言っても、方法はさまざまです。どの方法を使うかを判断するには、各方法の概要を知っておく必要があります。本節では、「Webからデータを取得する方法を自分で選ぶことができる」ことをゴールとします。

1. サイト運営者による情報提供を確認する

まずは自分たちがほしい情報をサイト運営者が提供していないかを確認します。サイト運営者がCSVなどの形式で、必要な情報をまとめてダウンロードする方法を提供していることがあるからです。この場合、ダウンロードしたCSVを、5-3節の一連の方法で利用できます。

また、APIで情報を取得する方法が提供されていることもあります。第4章で紹介したGoogle Sheets APIやGoogle Drive API以外にも、APIを提供しているサービスは無数にあります[注3]。

2. Webページの表形式のデータを取得・解析する

6章で学ぶpandasというライブラリを使えば、Webページの表形式のデータをかんたんに取得することができます（6-3-2項参照）。

3. Webページをダウンロードし、解析する

Webページをダウンロードし、解析することもできます。詳しくは7-3節で実践します。

注3　本書の読者特典にて、Web APIを使ってのデータを取得・操作する方法を紹介しているので、興味のある方はチャレンジしてみてください。

4. GUI操作を自動化し、情報を取得・解析する

世の中には動的に更新されるWebページも多く存在します。その場合、Webページをダウンロードして解析する方法では、ほしい情報を取得できないこともあります。そこで、別のアプローチとして、実際に人間の操作を再現し、表示されたWebページを解析する方法があります。より発展的な知識が必要なため、本書では扱いません。興味のある方は「Selenium」というライブラリの使い方を調べてみてください。

▼図 5-9　Web からのデータ取得方法の選び方

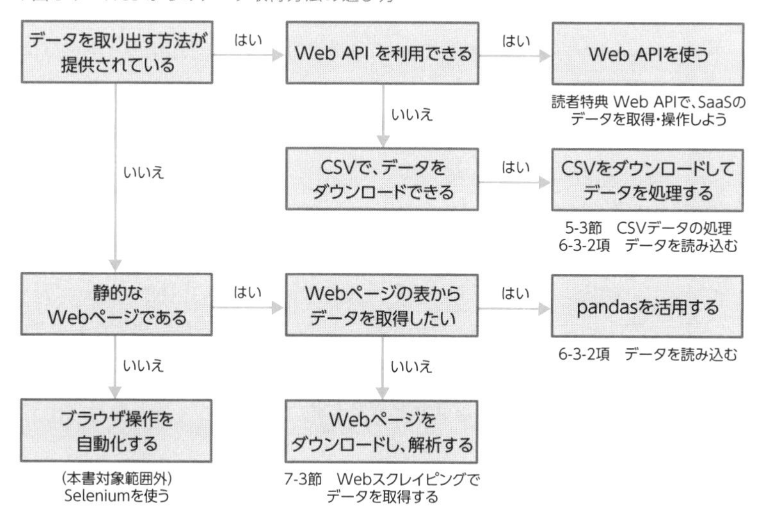

Webから情報を取得する際の注意点

情報を提供している側が情報取得に対する何かしらの制限を明記している場合もあります。そのため、相手がどんなメッセージを出しているのかを確認することが大切です。ここでは、注意すべき観点のみを述べますが、より具体的な確認方法が知りたい方は、クローリングについて詳細な解説をしている書籍やWebサイトをご覧ください。

1. 利用規約の内容を守る

Webサイトの利用規約などに、「クローリング（Webサイトのリンクをたどって何度も探索し、ページをダウンロードすること）をしないでください」と明記されていないかを確認します。利用規約は、必ずしも利用規約というわかりやすい見出しがついていない場合もあります。

2. robots.txtの指示を守る

robots.txtは、クローリングを行うロボット（クローラー）に対し、どのURLにアクセスしていいか、してはいけないかを表したものです。robots.txtはロボット向けの情報ではありますが、サイト運営者のクローリングに対する意図がわかります。

robot.txt の指示を守る
https://developers.google.com/search/reference/robots_txt

robots.txtは慣習的にサイトのURLの直下に置かれます。たとえば、技術評論社のWebサイト「https://gihyo.jp/」の場合は、「https://gihyo.jp/robots.txt」となります。

3. robotsメタタグ／HTTPヘッダーにおけるX-Robots-Tagを確認する

メタタグは、Webページのメタ情報（ページのタイトルや概要など）を設定することができます。メタタグの1つに、クローラー向けのrobotsメタタグが存在します。「<meta name="robots" content="nofollow" />」のようにnofollowが設定されている場合、そのページはクローリングしないようにします。

HTTPヘッダーにX-Robots-Tagが設定されている場合も注意しましょう。HTTPは、Webと情報をやり取りする際のフォーマットのようなものをイメージしてもらえばいいでしょう。HTTP通信の中身は、いくつかの要素で構成されますが、その中の1つであるHTTPヘッダーには、リクエストについての情報や属性が含まれます。その中の1つに、X-Robots-Tagを指定することができます。「X-Robots-Tag: nofollow」のようにnofollowが設定されている場合、そのページはクローリングしないようにします。

- robotsメタタグ／HTTPヘッダーにおけるX-Robots-Tagを確認する
  https://developers.google.com/search/reference/robots_meta_tag

4. aタグのrel属性を確認する

<a>タグは、Anchorタグの略で、Webページを表示するHTMLで利用するタグの一種です。リンク先を指定することによって、Webページにリンクを張ることができます。<a>タグのrel属性が「nofollow」の場合、リンク先のページを参照すべきではありません。「robots.txt」や「robotsメタタグ／HTTPヘッダーにおけるX-Robots-Tag」の指示は、ページ全体に適用されましたが、<a>タグのrel属性はリンク先に対してのみ適用されます。

5. アクセス頻度に注意する

プログラムは指示された操作を高速で実行することができます。そのため、特定のWebサイトからデータを大量に取得しようとすると、相手のサイトに負荷をかけてしまう可能性もあります。負荷をかけないようにするため、アクセス頻度が多くなりすぎないように注意しましょう。

一般的には、1秒に1リクエスト程度にしておくといいと言われていますが、実はこの数字に根拠はありません(1秒に1リクエスト程度にしてほしい、と明示してある機関もあるので、その場合はその方針に従っておくことが無難でしょう）。ただ、1秒に1リクエスト程度であれば、過負荷によるサイトへの悪影響を引き起こさないで済む可能性は高いのではないかと思います。

6. ダウンロードした情報の利用の仕方に注意する

利用規約などに、データの利用制限について明記されていないかを確認します。とくに、個人利用でなく、商業的な利用を含む第三者への利用を厳しく制限されているケースがあるので注意しましょう。また、明記されていない場合であっても、収集したデータを公開したり、データそのものを商業利用したい場合は、データ提供者に事前確認を取るようにしてください。一方、日本の著作権法上は、公開されているサイトの情報を分析したり、分析して得られた情報を公開したりすることは問題ありません。

- PythonでWebスクレイピングするときの知見をまとめておく
  https://vaaaaaanquish.hatenablog.com/entry/2017/06/25/202924

第6章

表計算やデータ分析をやってみよう

ここまでの操作を終えて、Excelやスプレッドシートで行っていたデータ分析をPythonでやりたいと思われた方も多いでしょう。Pythonでデータ分析を行うメリットが気になっている方もいるかもしれません。本章ではPythonで表計算やデータ分析を行う方法を紹介します。

6-1 データ分析を始める前に

まずは、Pythonでデータ分析の世界に入っていく前に知っておくべき知識について説明します。

6-1-1 ExcelとPythonの使い分け

表計算やデータ分析をPythonで実行できるのであれば、Excelやスプレッドシートは今後もう使わないのかというと、そんなことはありません。表計算ソフトウェアの強みは、誰でも直感的に使えるフォーマットと、世の中での普及率です。そのため、自分で途中まで作業をしたファイルをほかの人にわたしても、もととなるデータの中身を確認し、後続の分析作業をかんたんに進めてもらうことができます。

一方、Pythonを使ったデータ分析の強みは、データ収集やデータの前処理までを一貫してかんたんに行えることだったり、比較的大規模なデータになったとしても操作が重くなりづらいことが挙げられます。ほかにも、機械学習が得意だったり、本章で使用するJupyterLabを使うことでデータ分析の過程そのものを残すことができるため、分析作業の共有も楽になります。これらの特徴から、データ分析を本業にしている人たちはPythonを使うことが多いです（ほかにも、Rというプログラミング言語もよく利用されます）。

6-1-2 データ分析の流れ

データ分析の一連の流れには、大きく分けて、次の3ステップがあります。Pythonで分析業務を行う際には、それぞれの工程に異なるライブラリを使用したり、組み合わせることが必要になるので、意識的に区別して記載します。

1. データ収集

Webからデータを集めたり、社内にあるファイルからデータを読み込んだりします。場合によっては、プログラムを書くことで解決できない泥臭い仕事もあります。たとえば、紙のデータをパソコンで入力することも必要かもしれませんし、情報を知っているであろう人へのヒアリングから始まることもあるでしょう。

2. 前処理

欠損したデータをどう取り扱うかを決めたり、可視化しやすいようにデータを加工します。たとえば、値が欠損している場合であれば、「そのデータごと消してしまう」のか「代替となる値を入力する」のかを決定し、さらに別のデータに代替するのであれば、「どのようなロジックで代替するデータを算出するか」といったことを考え、実際のデータ加工処理を行います。

3. 集計・可視化

分析の目的に応じ、データを集計し、グラフ化します。集計作業は、Excelであれば、ピボットテーブルをつくる作業に該当し、データを特定の基準で集めます。

1「データ収集」は、5-4節「Webからデータを取得しよう」(p160)の内容を活かすことができます。2「前処理」の方法は、5-2節「文字列操作」(p149)で学んだ内容を活用できます。また、のちほど6-3-3節のコラム「欠損値を補うには」(p186)でも扱います。3「集計・可視化」の方法については、本章を通じて紹介します。

6-2 JupyterLabを使ってみよう

6-2-1 JupyterLabとは

JupyterLabは、プログラムや説明の文章、グラフなどの実行結果をまとめて管理できる「Notebook」と呼ばれるファイルを管理できるデータ分析用の環境です。表計算やデータ分析の実行結果をわかりやすく管理するために使用します。

Jupyter Notebookとの違いは？

同様の分析環境を実現するJupyter Notebookと呼ばれる環境もありますが、JupyterLabはJupyter Notebookの後継です。基本的な機能はJupyter Notebookと同様のため、もしJupyter Notebookを使っている方は、そちらを利用いただいてもかまいません。ただし、Jupyter Notebookは将来的にJupyterLabに統合されることが公式ドキュメントに記載されているので、その点についてだけ頭の片隅に置いておいてください。

「百聞は一見に如かず」ということで、早速使ってみましょう。

6-2-2 JupyterLabを起動する

第１章でインストールしたAnacondaには、「Anaconda Navigator」と呼ばれるデスクトップアプリケーションが付属しています。これを使うと、JupyterLabをはじめとする、Anacondaでインストールしたアプリケーションを GUIで管理することができます。もし、Anacondaを使わずに環境構築をされた方は、公式ドキュメントに従ってJupyterLabの環境構築を行ってください。

Project Jupyterの公式ドキュメント
https://jupyter.org/install

まずは、Anaconda Navigatorを起動しましょう。Anaconda Power Shell Promptやターミナルを起動したときと同様に、「Anaconda Navigator」を検索して起動してください（p23参照）。

JupyterLabと書かれたアプリケーションの「Launch」をクリックすれば完了です。

▼図6-1　Anaconda NavigatorからJupyterLabを起動する

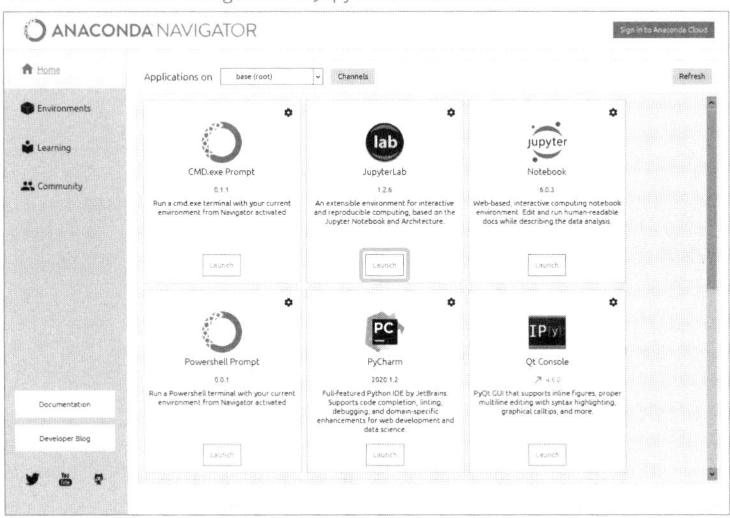

JupyterLabが立ち上がったら、Notebookを作成するフォルダを選択します。引き続き「PyCharmProjects」を使用しましょう。PyCharmのプロジェクトの中から、これまで利用してきた「sample」を開き、表示されたフォルダのパスを確認したうえで、画面上部にあるフォルダの形をしたアイコンをクリックします。

▼図 6-2　フォルダを作成する

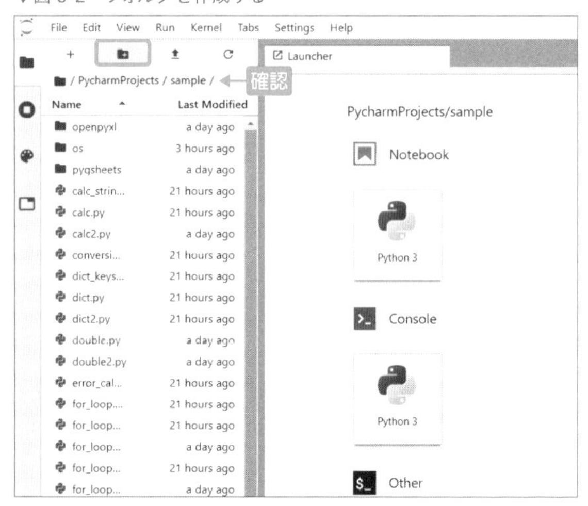

すると、「Untitled Folder」というフォルダが作成されたことが確認できます。「data_analysis」というフォルダ名に変更しましょう。

▼図 6-3　フォルダ名を変更する

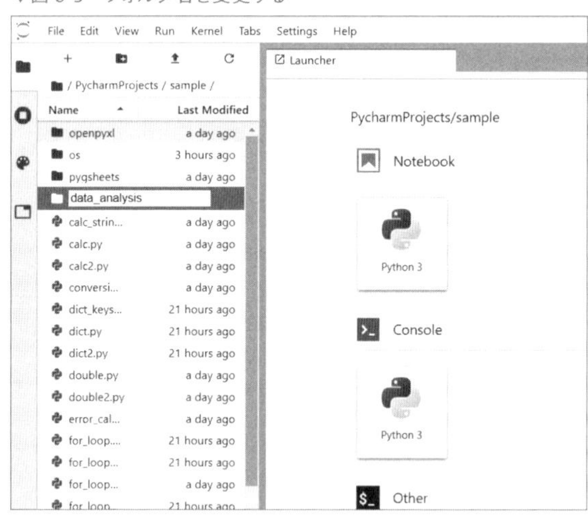

「data_analysis」をダブルクリックし、NotebookのPython3を選択します。

▼図 6-4　Notebook を新規作成する

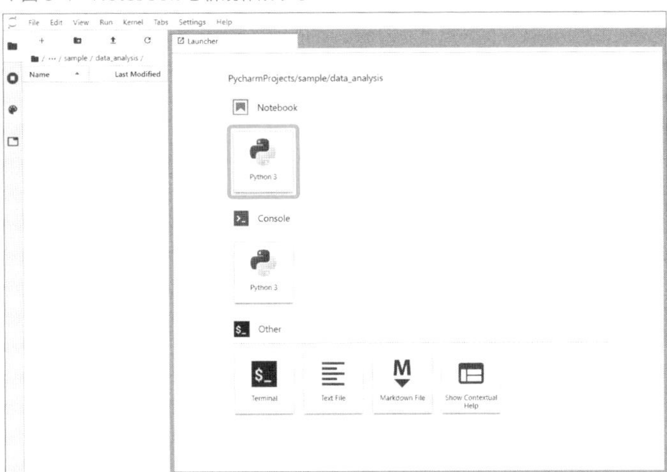

すると、「Untitled.ipynb」と呼ばれるファイルが作成されます。拡張子「ipynb」は「IPython Notebook」の略です[注1]。右クリックして「Rename」すれば、ファイル名を変更できます。

以降の説明で「○○.ipynbを作成してください」と記載している場合、空ファイルを作成し、Renameしてください。今は、「Untitled.ipynb」のままでかまいません。

6-2-3　実行してみよう

「Untitled.ipynb」タブの[ ]:の右横に「import this」と打ち込んでみましょう。実行するには、Shiftキーと Enterキーを同時に押します。もしくは、画面上部のメニューバーに表示されている、再生マークのアイコンをクリックしてもかまいません。The Zen of Pythonが表示されます。

注1　Jupyter Notebookは、かつてIPython Notebookと呼ばれていました。
https://ipython.org/notebook.html

▼図 6-5　Notebook 上で Python を実行する

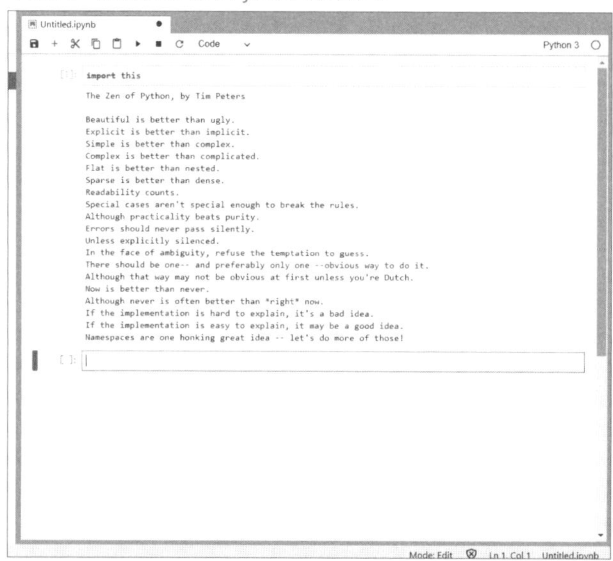

「import this」を入力した箇所をセル（Cell）と呼び、プログラムコードを入力します。セルの左横に表示された[1]は、セルの実行順を示します。セルを実行するたびに、連番が割り振られます。

セルの実行順に注意

Notebookでは、必ずしもセルは上から実行する必要はありません。そのため、上から動くことを前提としたプログラムを書く際は、注意してください。たとえば、次のようなNotebookの実行順を考えてみます。

[ ]:
```
01 i = 1 + 2
```

[ ]:
```
01 print(i)
```

2つ目のセルは、変数iが定義されていることを前提とした処理です。そのため、1つ目のセルを実行する前に、2つ目のセルを実行すると、変数iが定義されていないため、エラーとなります。

```
[ ]:  01  i = 1 + 2

[1]:  01  print(i)

[1]:  NameError: name 'i' is not defined
```

ですが、次のように1つ目のセルから順に処理を再度実行すれば、正常に完了します注2。

```
[2]:  01  i = 1 + 2

[3]:  01  print(i)

[3]:  3
```

上から順番に動くことを前提としたプログラムを各セルに分けて書く場合は、セルの実行順を確認するクセをつけましょう。

実行順を変更する

セルはドラッグ＆ドロップで順番の入れ替えが可能です。また、セルの番号を1から振りなおしたいときには、画面上の「Restart the kernel」ボタンをクリックしてください。

▼図 6-6　再起動するとセル番号がリセットされる

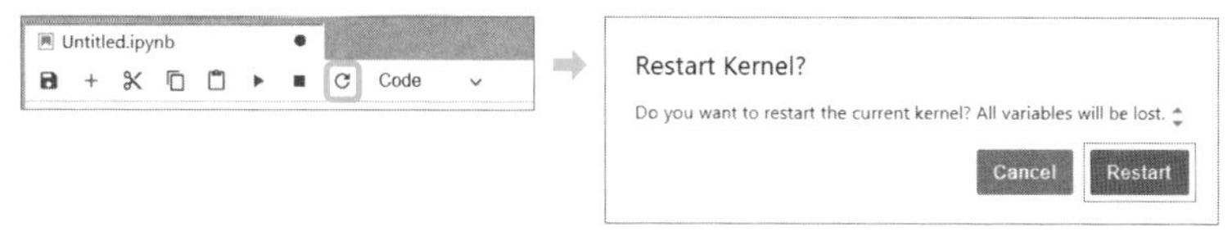

注2　実行した処理内容は、Notebookを再読み込みするまで保持されます。そのため、実行順についても、[1]の連番で[2]から始まっています。

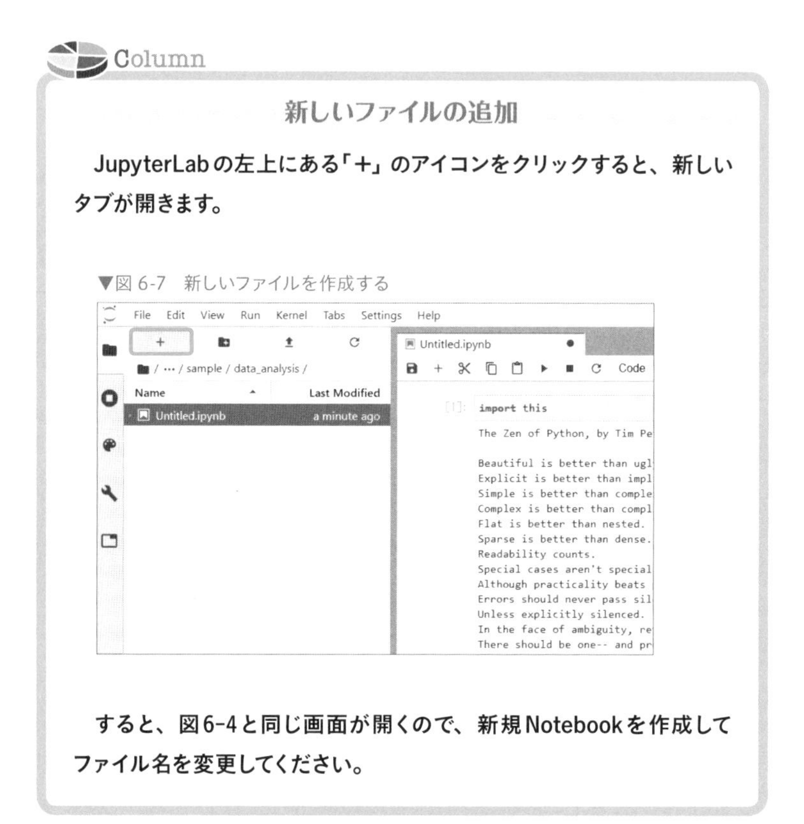

Column

新しいファイルの追加

JupyterLabの左上にある「+」のアイコンをクリックすると、新しいタブが開きます。

▼図 6-7　新しいファイルを作成する

すると、図6-4と同じ画面が開くので、新規Notebookを作成してファイル名を変更してください。

6-2-4 pandasの基本的な使い方

本章では、**pandas**というライブラリを使用してデータ分析を行います。pandasは、Excelやスプレッドシートのような表形式のデータに対して、高度な分析をかんたんに行えるライブラリです。Pythonでデータ分析を行う際に利用する定番とされています。

pandasは、Anacondaに含まれているため、追加のインストールは不要です。pandasは慣習的にpdという別名でインポートすることが一般的ですので、本書でもそれに従います。「sample.ipynb」という新しいNotebookを作成し、次のコードを入力して、Shiftキーと Enterキーを押してください。

```
[1]: 01 import pandas as pd
```

DataFrameとSeriesオブジェクト

pandasでは、Excelやスプレッドシートのような表形式のデータを**DataFrameオブジェクト**として扱います。また、DataFrameオブジェクトは**Seriesオブジェクト**と呼ばれる、一次元のコンテナの辞書型として扱います（コンテナは、オブジェクトの集まりを表現するデータ構造のことです）。かんたんに言えば、行や列として扱う一次元のデータ構造（Seriesオブジェクト）の集まりを、表形式のデータ構造（DataFrameオブジェクト）で扱うということです。

次のサンプルコードは、Seriesオブジェクトを使ってDataFrameオブジェクトを生成するサンプルコードです。なお、セルに2行以上のコードを書く場合は Enter キーだけを押してください。

```
[2]: 01 name_series = pd.Series(['田中', '北野'])
     02 name_series
```

```
[2]: 0   田中
     1   北野
     dtype: object
```

```
[3]: 01 people = pd.DataFrame({
     02           '名前' : name_series,
     03           '年齢' : [22, 28]})
     04 people
```

[3]:

	名前	年齢
0	田中	22
1	北野	28

[2]のセルで一次元のコンテナであるSeriesオブジェクトを作成し、[3]のセル2行目で、キー「名前」に対するバリューとしてSeriesオブジェクト「name_series」をわたしました。結果を見ると、Seriesオブジェクトのデータをもとに DataFrameオブジェクトがつくられたことがわかります。また、「年齢」のデータのつくり方を見ていただけるとお

わかりのとおり、単にリストをそのままわたしてもかまいません。

DataFrameオブジェクトは、列単位でSeriesオブジェクトとして取り出すこともできます。

[4]:
```
01 people['年齢']
02 # 下の書き方でも同じ結果が得られる
03 # people.年齢
```

[4]:
```
0    22
1    28
Name: 年齢, dtype: int64
```

インデックスラベル（行名）

1番左の列に、0や1などの数字が勝手に割り振られていますが、これを「インデックスラベル（行名）」と呼び、デフォルトでは0から順に「0、1、2…」と割り振られます。

▼図6-8　インデックスラベルの表示例

	名前	年齢
0	田中	22
1	北野	28

インデックスラベルは、SeriesオブジェクトやDataFrameオブジェクトの引数「index」を指定することで、デフォルトでない値を使用することも可能です。次の例は、インデックスラベルとしてデフォルトの0と1でなく、10と20を使用するサンプルです。

[5]:
```
01 name_series = pd.Series(['田中', '北野'], index = ↩
   [10, 20])
02 name_series
```

[5]:
```
10    田中
20    北野
dtype: object
```

DataFrameオブジェクトでも同様に、indexを指定することでインデックスラベルの情報を更新できます。インデックスラベルには、数字だけでなく、文字列を指定することもできます。

行インデックス（行番号）

インデックスラベルとは別に、「行インデックス（行番号）」も存在します。行インデックスは、インデックスラベルのように別名をつけることはできず、1行目は必ず0になり、順に連番が振られます（0、1、2…）。

locとiloc属性によるデータの選択

インデックスラベルと行インデックスはそれぞれ**loc属性**、**iloc属性**を指定することで、行データを取り出すことができます。次のコードを「sample2.ipynb」という新しいNotebookで実行してください。

6

[1]:
```
01 import pandas as pd
02 people = pd.DataFrame({
03     '年齢' : [21, 34, 23, 44, 19],
04     '身長' : [180, 168, 174, 181, 169],
05     '体重' : [74, 61, 65, 82, 70]
06 },
07     index = ['田中', '北野', '高橋', '岡田', '長谷川'])
08 people
```

[1]:

	年齢	身長	体重
田中	21	180	74
北野	34	168	61
高橋	23	174	65
岡田	44	181	82
長谷川	19	169	70

この場合、行インデックスが「1」のデータと、インデックスラベルが「北野」のデータを取り出す方法は、次のようになります。それぞれ、取り出される行は同じです。

[2]:
```
01 people.loc['北野']
02 # 下の書き方でも同じ結果が得られる
03 # people.iloc[1]
```

[2]:
```
年齢     34
身長    168
体重     61
Name: 北野, dtype: int64
```

また、次のように、必要な列に絞って取得することもできます。大きなデータになってくると、この取り出し方をうまく活用することも重要になるでしょう。

[3]:
```
01 people.loc['高橋', ['年齢', '体重']]
02 # 下の書き方でも同じ結果が得られる
03 # people.iloc[2, [0, 2]]
```

[3]:
```
年齢    23
体重    65
Name: 高橋, dtype: int64
```

それぞれの属性は、「[start:stop]」の形式で、取り出したい部分を指定できます。これを**スライス記法**と言います。

[4]:
```
01 people.loc['高橋':'長谷川']
02 # 下の書き方でも同じ結果が得られる
03 # people.iloc[2:5]
```

[4]:

	年齢	身長	体重
高橋	23	174	65
岡田	44	181	82
長谷川	19	169	70

6-3 データを分析する

6-3-1 データの準備

ここからは、実際にデータの集計・可視化を行っていきます。まずは、これから使用するデータを準備しましょう。6-3節、6-4節では、次の4つのCSVファイルを使用します。サポートページ（p7参照）からダウンロードしたフォルダの中に「data_analysis」というフォルダがあります。中にある次の4つのCSVファイルをJupyterLab上にドラッグ＆ドロップしてdata_analysisフォルダに配置してください。

▼ customer.csv

```
顧客ID,顧客名,性別,年齢
1,田中,男,21
2,斎藤,女,32
3,山田,女,56
4,佐藤,男,43
5,北野,男,23
6,長谷川,男,24
7,岡田,女,44
```

▼ item.csv

```
商品ID,商品名,金額
1,りんご,100
2,みかん,100
3,チョコレート,200
4,牛乳,250
5,チーズ,300
6,バナナ,100
```

▼ transaction_1.csv

```
購買ID,購買日,顧客ID,購買金額,商品ID,購入数
1,2020/01/01,1,100,2,1
2,2020/01/01,1,200,2,2
3,2020/01/03,5,100,6,1
```

```
4,2020/01/04,5,500,4,2
5,2020/01/10,7,100,1,1
6,2020/01/11,2,250,4,1
7,2020/01/13,3,300,5,1
8,2020/01/18,2,500,5,2
```

▼transaction_2.csv

```
購買ID,購買日,顧客ID,購買金額,商品ID,購入数
9,2020/02/01,6,200,3,1
10,2020/02/03,1,100,2,1
11,2020/02/08,4,100,1,1
12,2020/02/10,1,100,2,1
13,2020/02/12,1,300,6,3
14,2020/02/18,7,100,6,1
15,2020/02/18,7,200,3,1
```

6-3-2 データを読み込む

商品の購買データと顧客データを組み合わせ、購買分析をするNotebookを作成しつつ、pandasの使い方の基礎を覚えましょう。

Notebookにデータを表示する

まず、pandasを使ってデータを読み込み、顧客ID上位5名の顧客情報をNotebookに表示します。新たに「customer_analysis.ipynb」を作成し、次のコードを実行してください。

[1]:
```
01 import pandas as pd
02 
03 customer = pd.read_csv('customer.csv')
04 customer.head()
```

[1]:

	顧客ID	顧客名	性別	年齢
0	1	田中	男	21
1	2	斎藤	女	32
2	3	山田	女	56
3	4	佐藤	男	43
4	5	北野	男	23

read_csv()関数を使って、CSVからpandasにデータを読み込んでいます。読み込んだデータは、DataFrameオブジェクトとして扱うことができます。DataFrameオブジェクトの**head()メソッド**を使えば、データの先頭5行の表示が可能です。

データセットの読み込み関数

pandasには、CSVだけでなく、各種データセットを読み込む関数が用意されています。

▼表 6-1　pandas 標準で用意されたデータを読み込む関数

データ形式	関数	解説
csv	read_csv()	区切り文字で区切られたデータを読み込む。デフォルトの区切り文字はカンマ
excel	read_excel()	Excel形式のデータ(拡張子.xls、.xlsx) を読み込む
json	read_json()	JSONデータを読み込む
html	read_html()	指定されたHTMLファイル内のテーブル形式のデータを読み込む

データの基本情報を確認する

pandasには、データの基本情報をかんたんに表示するオプションも提供されています。「DataFrameオブジェクト.shape」のように使います。たとえば、customer.shapeの実行結果は(7, 4)となります。

▼表 6-2　DataFrame オブジェクトのオプション

オプション	概要
shape	行数と列数を表示する(例：15行6列の場合、(15, 6)と出力)
columns	列名を表示する
dtypes	列名と、列のデータ型を表示

データセットの書き込み方法

Seriesオブジェクトや DataFrameオブジェクトをさまざまなファイル形式に吐き出すメソッドも存在します。それぞれファイル名を引数にわたすことで、データの書き出しを行えます。

▼表6-3　pandas標準で用意されたデータを書き出すメソッド

データ形式	メソッド名	解説
csv	to_csv()	区切り文字で区切られたデータを書き出す。デフォルトの区切り文字はカンマ
excel	to_excel()	Excel形式のデータ(拡張子.xls、.xlsx) を書き出す
json	to_json()	JSONデータを書き出す

Excelへのデータ書き出しには、ExcelWriterを使用する方法もあります。ExcelWriterは、以下のように、5-1-4項で解説したファイルオブジェクトのように使います。

```
with pd.ExcelWriter('sample.xlsx') as writer:
    df.to_excel(writer, sheet_name='sheet1')
    df2.to_excel(writer, sheet_name='sheet2')
```

to_excel()メソッドを使用すると1ファイルあたり1つのシートにしかデータを出力することができないのですが、ExcelWriterオブジェクトを使うと1ファイルあたり複数のシートにもデータを出力することができます。

6-3-3 データを結合する

ここでは、大きく分けて、データを縦方向に結合する処理と、特定の列をキーにして横方向にデータを結合する処理を説明します。

concat()関数でデータを縦に連結する

transaction_1.csvとtransaction_2.csvは中身を見る限り、同じ種

別のデータだと判断できそうです。同じ種別のデータであれば、集計時に1つになっているほうが扱いやすいでしょう。そこで、この2つのデータを縦に連結します。

[2]:
```
01 transaction_1 = pd.read_csv('transaction_1.csv')
02 transaction_2 = pd.read_csv('transaction_2.csv')
03
04 transaction = pd.concat([transaction_1, transaction_2], ignore_index=True)
05 transaction
```

[2]:

	購買ID	購買日	顧客ID	購買金額	商品ID	購入数
0	1	2020/01/01	1	100	2	1
1	2	2020/01/01	1	200	2	2
2	3	2020/01/03	5	100	6	1
3	4	2020/01/04	5	500	4	2
4	5	2020/01/10	7	100	1	1
5	6	2020/01/11	2	250	4	1
6	7	2020/01/13	3	300	5	1
7	8	2020/01/18	2	500	5	2
8	9	2020/02/01	6	200	3	1
9	10	2020/02/03	1	100	2	1
10	11	2020/02/08	4	100	1	1
11	12	2020/02/10	1	100	2	1
12	13	2020/02/12	1	300	6	3
13	14	2020/02/18	7	100	6	1
14	15	2020/02/18	7	200	3	1

concat()関数は、行方向（縦）にデータを連結します[注3]。引数ignore_indexをTrueに指定することで、連結前のデータがもつインデックスラベルを無視し、新しくインデックスラベルを作成します。

引数ignore_indexをTrueに指定しない場合、元データのインデックスラベルがそのまま使用されます。

```
transaction = pd.concat([transaction_1, transaction_2])
transaction.index
```

注3　列方向(横)にデータを連結することもできるのですが、本書ではこの内容については扱いません。

```
Int64Index([0, 1, 2, 3, 4, 5, 6, 7, 0, 1, 2, 3, 4, 5, ↵
6], dtype='int64')
```

0～7のあとに、0～6が続いていることから、連結前のデータのインデックスラベルが使われていることがわかります。

merge()関数で特定のキーをもとにデータを横に結合する

さて、[2]で作成したtransactionデータを、顧客情報と結合して分析を行いたいとします。現状、transactionデータは顧客IDをもち、customerデータは、顧客IDにひもづく顧客情報（顧客名、性別、年齢）をもっています。そこで、transactionデータとcustomerデータを、顧客IDをキーにして結合する処理を行いましょう。結合時のキーは、**merge()関数**の引数onで指定します。

[3]:
```
01 sales_data = pd.merge(transaction, customer, on='顧客↵
   ID')
02 sales_data
```

[3]:

	購買ID	購買日	顧客ID	購買金額	商品ID	購入数	顧客名	性別	年齢
0	1	2020/01/01	1	100	2	1	田中	男	21
1	2	2020/01/01	1	200	2	2	田中	男	21
2	10	2020/02/03	1	100	2	1	田中	男	21
3	12	2020/02/10	1	100	2	1	田中	男	21
4	13	2020/02/12	1	300	6	3	田中	男	21
5	3	2020/01/03	5	100	6	1	北野	男	23
6	4	2020/01/04	5	500	4	2	北野	男	23
7	5	2020/01/10	7	100	1	1	岡田	女	44
8	14	2020/02/18	7	100	6	1	岡田	女	44
9	15	2020/02/18	7	200	3	1	岡田	女	44
10	6	2020/01/11	2	250	4	1	斎藤	女	32
11	8	2020/01/18	2	500	5	2	斎藤	女	32
12	7	2020/01/13	3	300	5	1	山田	女	56
13	9	2020/02/01	6	200	3	1	長谷川	男	24
14	11	2020/02/08	4	100	1	1	佐藤	男	43

最後の3列に、顧客名、性別、年齢が追加されていることから、顧客IDをキーに、transactionデータとcustomerデータが結合されたことが確認できます。引数の順番を入れ替えると、最初の3列に顧客情報が追加されます。

このように、merge()関数を使うことで、複数のデータを1つ以上のキーを使って結合することができます。

手動でのデータ追加方法

本項では、データを結合することで、新しくデータを追加しましたが、手動でデータ追加する方法もあります。次のサンプルデータがあるとします。

[1]:
```
01  import pandas as pd
02  people = pd.DataFrame({
03          '年齢' : [21, 34],
04          '身長' : [180, 168],
05          '体重' : [74, 61]
06          },
07          index = ['田中', '北野'])
08  people
```

[1]:

	年齢	身長	体重
田中	21	180	74
北野	34	168	61

列を追加するには、列名を指定し、データを代入します。

[2]:
```
01  people['顧客ID'] = [100, 101]
02  people
```

[2]:

	年齢	身長	体重	顧客ID
田中	21	180	74	100
北野	34	168	61	101

この方法を覚えておくと、別の列のデータを加工した情報を新しい列として追加するといったことが可能になります。たとえば、実際のデータ分析をする際には、年齢よりも年齢層のデータを表示することも多いかと思います。そういった場面で、年齢のデータから、年齢層を算出し、列として追加すればいいでしょう。

行データを追加するには、次のようにloc属性を利用します。

[3]:

```
01  people.loc['川口'] = [18, 160, 49, 102]
02  people
```

[3]:

	年齢	身長	体重	顧客ID
田中	21	180	74	100
北野	34	168	61	101
川口	18	160	49	102

欠損値を補うには

pandasでは欠損値を補うメソッドがいくつか提供されています。

dropna() メソッド：デフォルトでは、欠損値を1つでも含む行をすべて削除する

fillna() メソッド：欠損値を、引数としてわたした別の値に置き換える

本書では、欠損値や、これらのメソッドの使い方について詳しく触れませんが、頭の片隅にとどめておいてください。

6-3-4 データを集計する

合計を求める

ここからいよいよデータの集計作業です。sales_dataから、顧客IDごとの合計購買金額と合計購入数を算出します。

[4]:
```
01 sales_per_customer = sales_data.groupby('顧客ID')↵
   [['購買金額', '購入数']].sum()
02 sales_per_customer
```

[4]:

顧客ID	購買金額	購入数
1	800	8
2	750	3
3	300	1
4	100	1
5	600	3
6	200	1
7	400	3

1つ以上のキーを使ってデータを集計するには、**groupby()メソッド**を使います。今回はgroupby('顧客ID')のように、単一のキーで集計を行っていますが、たとえば、購買日と年齢ごとにデータを集計したい場合、groupby(['購買日', '年齢'])と指定します。

groupby()メソッドでグループ化された結果は、GroupByオブジェクトと呼ばれます。GroupByオブジェクトは、今回利用した合計を求めるための**sum()メソッド**以外にも、さまざまな集約処理が提供されています。

▼表6-4 GroupByオブジェクトの集約メソッド

メソッド名	概要
count()	グループ化されたデータの個数を表示する
mean()	グループの平均値を求める
sum()	グループ化されたデータの総和を求める
describe()	データの統計情報を表示する(例：最大値や平均、標準偏差など)

GroupByオブジェクトの各メソッドで集約したデータは、一次元のデータであればSeriesオブジェクト、表形式のデータであればDataFrameオブジェクトとして扱います。先ほど集計したsales_per_customerは、購買金額、購入数と複数列をもっているので、DataFrameオブジェクトということになります。この際、groupby()メソッドのキーとして指定した顧客IDは、DataFrameオブジェクトのインデックスとなります。

平均を求める

比較のため、購買日ごとの平均売上を求めます。グループしたデータの平均は、mean()メソッドを使うことで集計できます。

[5]:
```
01  sales_per_day = sales_data.groupby('購買日').購買金額↩
    .mean()
02  # sales_per_day = sales_data.groupby('購買日')['購買金額↩
    '].mean() でも同じ結果が得られる
03  sales_per_day
```

[5]:
```
購買日
2020/01/01    150
2020/01/03    100
2020/01/04    500
2020/01/10    100
2020/01/11    250
2020/01/13    300
2020/01/18    500
2020/02/01    200
2020/02/03    100
2020/02/08    100
2020/02/10    100
2020/02/12    300
2020/02/18    150
```

sales_per_dayは、インデックス「購買日」と対応する「購買金額」のデータをもつSeriesオブジェクトということになります。

6-4 データを可視化する

本節では、6-3節で集計したデータを使ってグラフを作成していきます。

作成したデータをグラフにするには、**Matplotlib**と**seaborn**というライブラリを使用します。

Matplotlibは、Pythonでグラフを描くための基本的なライブラリです。一方、seabornは、Matplotlibをベースにした、より複雑な可視化をかんたんに行うことができるライブラリです。seabornはMatplotlibをベースにしているので、グラフのより基本的な設定を変更したい場合はMatplotlibの設定を変更する必要があります。

Matplotlibとseabornは、それぞれ慣習的に次のようにインポートを行います。

[6]:
```
01 from matplotlib import pyplot as plt
02 import seaborn as sns
```

6-4-1 日本語フォントの使用について

Matplotlibでは、デフォルトのフォントが日本語に対応していません（日本語は、すべて「□」となってしまいます）。日本語を表示したい方は、pandas上で和文フォントを指定する必要があります。文字がうまく表示できなくとも、処理の実行には影響がありませんので、気にならない方は飛ばしていただいてかまいません。

次のようにセルを実行するとMatplotlibで出力するグラフで日本語が表示できるようになります。

[7]:
```
01 plt.rcParams['font.family'] = ['Yu Gothic', ↵
   'Hiragino Maru Gothic Pro']
```

6-4-2 棒グラフを作成する

6-3-4 項で、顧客ごとの合計購買金額と合計購入数を集計しました。

▼図 6-9　sales_per_customer のデータ

	購買金額	購入数
顧客ID		
1	800	8
2	750	3
3	300	1
4	100	1
5	600	3
6	200	1
7	400	3

このデータを棒グラフで可視化します。棒グラフを表示するには seaborn の **barplot() 関数**を使用します。また、引数「data」に対象の DataFrame オブジェクトを指定します。

[8]:
```
01  ax = sns.barplot(x=sales_per_customer.index, y='購買金額', data=sales_per_customer)
```

[8]:

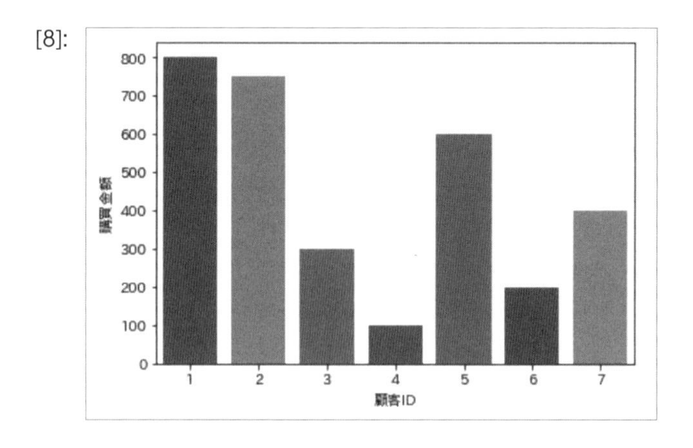

グラフのX軸とY軸は、barplot()関数のそれぞれ変数xとyを指定します。今回は、顧客IDごとの購買金額を知りたいので、xには「顧客ID」、yには「購買金額」を表示します。顧客IDは、集計時にインデックスとして使われているので「sales_per_customer.index」を使用しています。

seabornのbarplot()関数は、ほかにも信頼区間の表示など、より複雑な可視化を行うこともできるので、業務で複雑な可視化に取り組んでいる方は、さらに専門的な書籍を参照することをおすすめします。

6-4-3 折れ線グラフを作成する

6-3-4項では、購買日ごとの平均売上も集計しました。

▼図 6-10 sales_per_day のデータ

```
購買日
2020/01/01    150
2020/01/03    100
2020/01/04    500
2020/01/10    100
2020/01/11    250
2020/01/13    300
2020/01/18    500
2020/02/01    200
2020/02/03    100
2020/02/08    100
2020/02/10    100
2020/02/12    300
2020/02/18    150
Name: 購買金額, dtype: int64
```

この、購入日ごとの売上の推移を折れ線グラフで可視化してみます。折れ線グラフを表示するには**lineplot()関数**を使います。

sales_per_dayは、Seriesオブジェクトでした。こういった場合、X軸とY軸に相当するデータがそれぞれ1つずつしかありません。このとき、X軸にはインデックス、Y軸にはSeriesオブジェクトのもつデータがデフォルトで使用されます。そのため、引数xとyの指定をする必要はありません。

[9]:

```
01  ax = sns.lineplot(data=sales_per_day)
```

[9]:
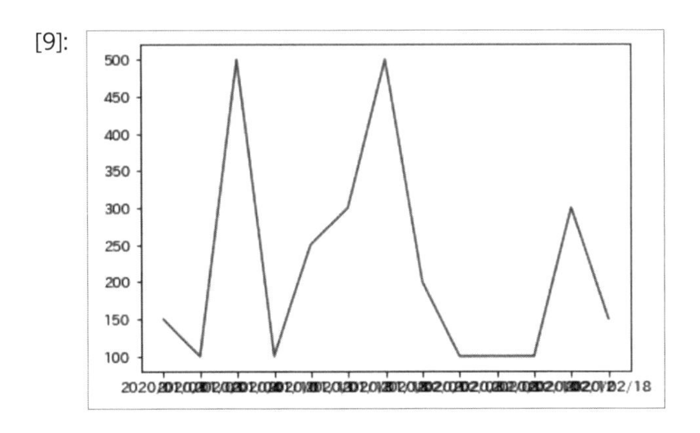

さて、データは無事に表示できましたが、グラフの横幅が足りていないため、X軸のデータ表示がつぶれてしまっています。そこで、グラフのサイズを調整します。

●グラフのサイズを調整する

グラフのサイズを調整するには、Matplotlibの設定を修正します。作成するグラフの大きさを変更するには、figure()関数の引数**figsize**にX軸とY軸の大きさをそれぞれタプルで指定します。

[10]:

```
01  plt.figure(figsize=(18,4))
02  ax = sns.lineplot(data=sales_per_day)
```

[10]:
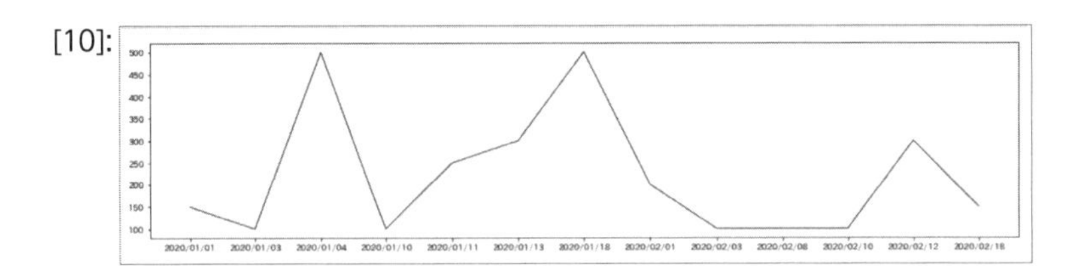

グラフの表示を設定する

グラフの大きさだけでなく、グラフのタイトルやX軸とY軸のラベルを表示することもできます。

[11]:
```
01  plt.figure(figsize=(18,4))
02  ax = sns.lineplot(data=sales_per_day)
03  ax.set_title('購買日ごとの平均売上')
04  ax.set(xlabel='購買日', ylabel='平均売上（円）')
```

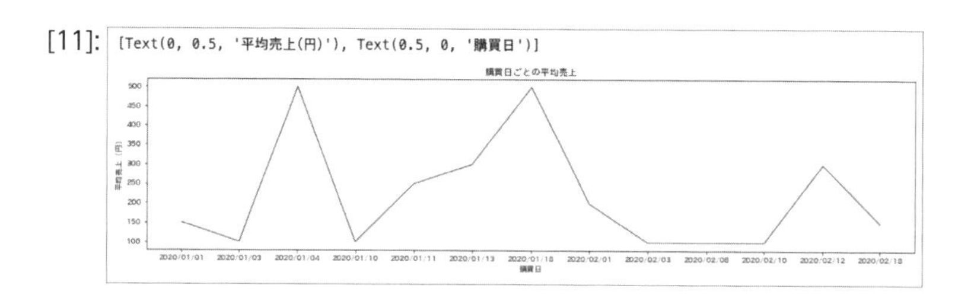

グラフのタイトルを設定するには、**set_title() メソッド**を使用します。また、X軸やY軸のラベルを設定するには、set() メソッドの引数xlabelとylabelを指定すれば完了です。DataFrameオブジェクトからグラフをつくった際には、X軸とY軸のラベルには列名がデフォルトで適用されますが、Seriesオブジェクトの場合は、今回のように設定が必要です。ただし、DataFrameオブジェクトからグラフを作成した場合も、set() メソッドで別の名前を指定することで、設定を上書きすることも可能です。

プログラムの書き進め方

これまで本書では、ライブラリの使い方を学ぶための短いプログラムを書くことはあれど、一連の処理を行うまとまったプログラムを書く機会はありませんでした。次章では、これまでより長いプログラムを書いていきます。そこで、ここでは、プログラムの書き進め方のちょっとしたコツを紹介します。なお、あらかじめお断りしておきますが、プログラムの書き方は人それぞれです。そのため、ここで紹介した進め方が性に合わない方は無理に真似していただく必要はありません。

1. 実装の流れを日本語にする

実装の細かい挙動を確認しながらプログラムを書いていると、ついつい全体として何をやりたかったかを忘れてしまうことがあります。慣れるまでは、日本語で処理の流れを書いてから、その処理工程を実現するプログラムを書き進めることをおすすめします。

2. データの中身を確認しながら作業を進める

誤ったデータを使っている限り、プログラムが正しくとも、求めている結果を導き出すことはできません。新しい処理を追加する都度、データの中身が期待どおりになっているかを確認しながら実装するといいでしょう。

第7章

いろんな業務を自動化してみよう

本章までたどりついたみなさんは、Pythonでのプログラミングの基礎、Pythonでどのような作業が効率化できるかについてのポイントがつかめたのではないでしょうか。本章では、それぞれの知識を組み合わせ、まとまった業務のかたまりを自動化・効率化する演習を行います。それぞれの知識を学びっぱなしにせず、実際の業務に投入していくための礎を築きましょう。

7-1 複数のExcelファイルに分散した売上データを分析する

例題の説明

製造業M社では、製品の売上情報をExcelで管理しています。営業企画部のAさんは、販促施策ごとの売上を分析し、施策ごと（取引先流入元ごと）の売上影響を把握しようとしています。しかし、売上情報が入ったExcelファイルは、月ごとに別のファイルとして管理されているため、それぞれのファイルの情報を集計するのがめんどうです。

今回は、2020年1月～3月の四半期分の売上に関する分析を行うため、手作業でやってもなんとかなりそうですが、たとえば3年分の売上情報を集計することを考えると時間がかかりますし、ミスも起こりそうです。そこで、今回の仕事を機に、Pythonで集計作業を自動化しようと決心しました。ほかの人があとから途中経過のデータを参照できるように、分析途中のデータもExcelファイルに出力しておくことにしました。

現在のExcelファイルは、次のとおりです[注1]。

▼図7-1　2020年1月_売上.xlsx

	A	B	C	D
1	営業担当	取引先名	商品名	売上金額
2	鈴木	取引先A	機械A	600,000
3	田中	取引先B	機械B	200,000
4	山本	取引先C	機械A	330,000
5	村上	取引先D	機械B	1,250,000
6	鈴木	取引先E	機械B	810,000
7	鈴木	取引先F	機械B	400,000
8	山本	取引先G	機械A	1,240,000
9	鈴木	取引先H	機械A	960,000
10	村上	取引先I	機械B	200,000

注1　Excelファイルは「はじめに」でダウンロードしたフォルダ内にある「sales_analysis」→「excel」というサブフォルダに格納されています（p7参照）。

▼図 7-2　2020 年 2 月 _ 売上 .xlsx

	A	B	C	D
1	営業担当	取引先名	商品名	売上金額
2	鈴木	取引先A	機械A	600,000
3	田中	取引先B	機械B	600,000
4	村上	取引先D	機械B	250,000
5	鈴木	取引先E	機械B	1,080,000
6	山本	取引先G	機械A	1,550,000
7	鈴木	取引先H	機械A	960,000
8	田中	取引先I	機械B	400,000
9	村上	取引先J	機械B	660,000
10	山本	取引先K	機械A	1,450,000

▼図 7-3　2020 年 3 月 _ 売上 .xlsx

	A	B	C	D
1	営業担当	取引先名	商品名	売上金額
2	田中	取引先B	機械B	600,000
3	山本	取引先C	機械A	660,000
4	村上	取引先D	機械B	250,000
5	鈴木	取引先E	機械B	1,080,000
6	鈴木	取引先F	機械B	1,000,000
7	山本	取引先G	機械A	930,000
8	田中	取引先I	機械B	400,000
9	村上	取引先J	機械B	660,000
10	山本	取引先K	機械A	1,450,000

▼図 7-4　取引先流入元 .xlsx

	A	B
1	取引先名	流入元
2	取引先A	2019年度展示会
3	取引先B	2019年10月DM
4	取引先C	2019年8月DM
5	取引先D	顧客からの紹介
6	取引先E	テレアポ
7	取引先F	2019年度展示会
8	取引先G	テレアポ
9	取引先H	2019年10月DM
10	取引先I	2019年8月DM
11	取引先J	2019年度展示会
12	取引先K	2019年10月DM

今回の演習では、sampleプロジェクト直下に新しく「sales_analysis」というフォルダをつくり、「excel」フォルダの中にすべてのExcelファイルが入っている前提で解説を進めます。また、作成するプログラム名は、「analysis_of_sales_channel.py」とします。

▼図 7-5　作業前のフォルダ構成

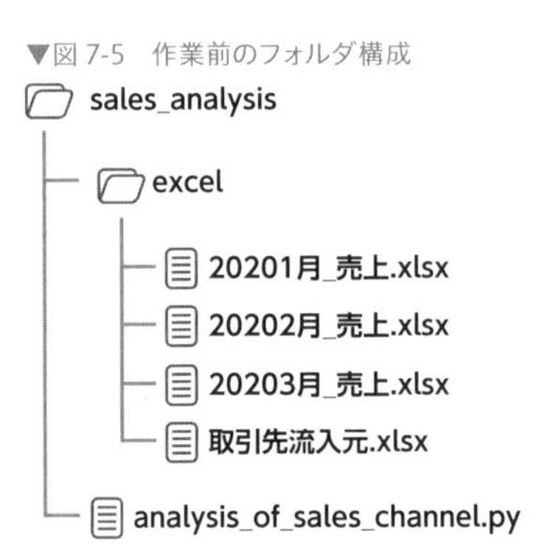

7-1-1　フォルダの中の Excel ファイルを読み込む

対象ファイルの一覧を取得

まずは、Excelファイルをすべて Python で読み込みます。excel フォルダ内のファイルの一覧を取得しましょう。

```
import os

folder_path = '.\\excel\\'

excel_files = os.listdir(path)
```

売上データの読み込み

続いて、Excelファイル内のデータの読み込みを行います。今回の演習の最終的な目的は、「施策ごと（取引先流入元ごと）の売上影響」を把握することなので、pandas でデータを読み込み、結合と集計処理を行うことで目的を達成できます。pandas で Excel ファイルのデータを読み込むには、read_excel() 関数を使用します（p181 の表 6-1 参照）。

```
import pandas as pd

# Excelファイルの中のデータを取り出すためのリストを定義
list_sales_data = []
# Excelファイルの売上データを取り出す
for excel_file in excel_files:
```

```
    if '売上' in excel_file:
        sales_data = pd.read_excel(path + excel_file)
        list_sales_data.append(sales_data)
```

売上データは複数ファイルに分かれているため、取得したデータをリストに格納しています。リストにデータを格納しておくと、のちほどconcat()関数でデータを連結する際に引数としてそのままわたすことができるため便利です。

取引先流入元データの読み込み

取引先流入元データは、1つのExcelファイルに格納されているので、read_excel()関数を単に実行するだけで完了します。

```
sales_channel = pd.read_excel(path + '取引先流入元.xlsx')
```

7-1-2 各月ごとに分かれている売上データを連結する

7-1-1項で取り出した売上データをconcat()関数で連結しましょう。

```
sales_summary = pd.concat(list_sales_data, ignore_index=True)
```

さて、ここまでで、すべてのExcelファイルのデータの読み込みと連結が完了し、結合する準備が整いました。ここまでで、一度コードを整理しておきましょう。

売上データの読み込み処理と取引先流入元データの読み込み処理は、それぞれget_sales_data()とget_channel_data()という関数にまとめました。ここで、引数名はfolder_pathではなくpathとしています。また、それぞれの読み込んだデータをsalesとchannelという変数に格納しておくことにします。

▼プログラム 7-1　Excelファイルを読み込んで各月ごとの売上データを連結する

```
01  import os
02  
03  import pandas as pd
04  
05  folder_path = '.\\excel\\'
06  
07  
08  def get_sales_data(path):
09      # フォルダの中のファイルをすべて取り出す
10      excel_files = os.listdir(path)
11      # Excelファイルの中のデータを取り出すためのリストを定義
12      list_sales_data = []
13      # Excelファイルの売上データを取り出す
14      for excel_file in excel_files:
15          if '売上' in excel_file:
16              sales_data = pd.read_excel(path + excel_file)
17              list_sales_data.append(sales_data)
18      # 取り出した売上データを連結する
19      sales_summary = pd.concat(list_sales_data, ignore_↵
    index=True)
20      return sales_summary
21  
22  
23  def get_channel_data(path):
24      # 取引先流入元データをpandasで読み込む
25      sales_channel = pd.read_excel(path + '取引先流入元.xlsx')
26      return sales_channel
27  
28  
29  # 売上データと流入元データを取得
30  sales = get_sales_data(folder_path)
31  channel = get_channel_data(folder_path)
```

インポートの順序とグループ化

先ほど「import os」のあとに1行あけて、「import pandas as pd」と記載しました。なぜわざわざ空行を入れたのでしょうか？　これは、インポートする際に、次の順序でグループ化して記載することがPEP

8で推奨されているからです。また、各グループの間に空白行を入れることもあわせて推奨されています。

1. 標準ライブラリ
2. サードパーティのライブラリ
3. つくっているプログラム固有の自作モジュール

PEP 8 推奨のインポート
https://www.python.org/dev/peps/pep-0008/#imports

7-1-3 売上データと顧客流入元データを結合する

売上データと顧客流入元データは、それぞれ取引先名という列名によって結合することができます。

```
sales_summary = pd.merge(channel, sales, on='取引先名')
```

結合後のデータの各列は、「取引先名」「流入元」「営業担当」「商品名」「売上金額」となります。

7-1-4 顧客流入元ごとの売上合計を集計する

特定のキーをもとにデータを集計するには、groupby()メソッドを使います（p187の6-3-4項参照）。また、集計後の売上合計を知りたいので、GroupByオブジェクトのsum()メソッドを使います。

```
sales_by_channel = sales_summary.groupby('流入元').sum()
```

7-1-5 Excel ファイルに集計データを出力する

分析途中のデータもExcelファイルに出力するため、結合後のデータ（売上サマリー）と流入元ごとの売上合計を同じExcelファイル内に別シートとして出力します。ここでは、6-3-2項のコラム「データセットの書き込み方法」(p182) で扱ったExcelWriterを使用します。

```
with pd.ExcelWriter('summary.xlsx') as writer:
    sales_summary.to_excel(writer, sheet_name='売上サマリー')
    sales_by_channel.to_excel(writer, sheet_name='流入元ごとの↵
売上')
```

これで、すべての処理が完成しました。完成したプログラムは以下のとおりです。

▼プログラム 7-2　複数ファイルから売上を分析し、集計結果を Excel に出力する (analysis_of_sales_channel.py)

```
01  import os
02  
03  import pandas as pd
04  
05  folder_path = '.\\excel\\'
06  
07  
08  def get_sales_data(path):
09      # フォルダの中のファイルをすべて取り出す
10      excel_files = os.listdir(path)
11      # Excelファイルの中のデータを取り出すためのリストを定義
12      list_sales_data = []
13      # Excelファイルの売上データを取り出す
14      for excel_file in excel_files:
15          if '売上' in excel_file:
16              sales_data = pd.read_excel(path + excel_file)
17              list_sales_data.append(sales_data)
18      # 取り出した売上データを連結する
19      sales_summary = pd.concat(list_sales_data, ignore_↵
    index=True)
20      return sales_summary
21  
22  
23  def get_channel_data(path):
24      # 取引先流入元データをpandasで読み込む
25      sales_channel = pd.read_excel(path + '取引先流入元.xlsx')
26      return sales_channel
27  
```

```
28
29  # 売上データと流入元データを取得
30  sales = get_sales_data(folder_path)
31  channel = get_channel_data(folder_path)
32
33  # 流入元データと、売上サマリーデータを結合する
34  sales_summary = pd.merge(channel, sales, on='取引先名')
35
36  # 流入元ごとの売上データを集計
37  sales_by_channel = sales_summary.groupby('流入元').sum()
38
39  # 流入元ごとの売上データを出力
40  print(sales_by_channel)
41
42  # Excelに集計したデータを出力
43  with pd.ExcelWriter('summary.xlsx') as writer:
44      sales_summary.to_excel(writer, sheet_name='売上サマリー')
45      sales_by_channel.to_excel(writer, sheet_name='流入元↵
    ごとの売上')
```

▼実行結果

```
                  売上金額
流入元
2019年10月DM      6220000
2019年8月DM       1990000
2019年度展示会    3920000
テレアポ          6690000
顧客からの紹介    1750000
```

sales_by_channel（「流入元ごとの売上」シート）の中身を表示すると、テレアポ経由で獲得した顧客の売上が大きいことがわかりました。また、作成したExcelデータは次のようになります。

▼図7-6　summary.xlsx

	A	B	C	D	E	F	G	H
1		取引先名	流入元	営業担当	商品名	売上金額		
2	0	取引先A	2019年度展示会	鈴木	機械A	600000		
3	1	取引先A	2019年度展示会	鈴木	機械A	600000		
4	2	取引先B	2019年10月DM	田中	機械B	200000		
5	3	取引先B	2019年10月DM	田中	機械B	600000		
6	4	取引先B	2019年10月DM	田中	機械B	600000		
7	5	取引先C	2019年8月DM	山本	機械A	330000		
8	6	取引先C	2019年8月DM	山本	機械A	660000		
9	7	取引先D	顧客からの紹介	村上	機械B	1250000		
10	8	取引先D	顧客からの紹介	村上	機械B	250000		
11	9	取引先D	顧客からの紹介	村上	機械B	250000		
12	10	取引先E	テレアポ	鈴木	機械B	810000		
13	11	取引先E	テレアポ	鈴木	機械B	1080000		
14	12	取引先E	テレアポ	鈴木	機械B	1080000		
15	13	取引先F	2019年度展示会	鈴木	機械B	400000		
16	14	取引先F	2019年度展示会	鈴木	機械B	1000000		
17	15	取引先G	テレアポ	山本	機械A	1240000		
18	16	取引先G	テレアポ	山本	機械A	1550000		
19	17	取引先G	テレアポ	山本	機械A	930000		
20	18	取引先H	2019年10月DM	鈴木	機械A	960000		
21	19	取引先H	2019年10月DM	鈴木	機械A	960000		
22	20	取引先I	2019年8月DM	村上	機械B	200000		
23	21	取引先I	2019年8月DM	田中	機械B	400000		
24	22	取引先I	2019年8月DM	田中	機械B	400000		
25	23	取引先J	2019年度展示会	村上	機械B	660000		
26	24	取引先J	2019年度展示会	村上	機械B	660000		
27	25	取引先K	2019年10月DM	山本	機械A	1450000		
28	26	取引先K	2019年10月DM	山本	機械A	1450000		
29								
30								
31								

売上サマリー　流入元ごとの売上

さらなる応用

今回は、四半期分の売上データ（3ファイル）だけで演習を行いましたが、ファイル数が数百個になろうと、フォルダ構成さえ同じであれば、コードの書き換えは必要ありません。複数ファイルのデータを読み込むのに、各ファイルを開く必要がないので時間の節約効果も大きいでしょう。また、PythonではなくJupyterLabで実装をすると、データの中身の途中経過も参照しやすくなります。

7-2 特定のルールに従って、フォルダ構成を整理する

例題の説明

Bさんの所属する総務部では、これまでファイルやフォルダの管理ルールを適切に設けていなかったため、ファイルを探しづらいという課題があります。現状のフォルダ構成やファイルの名付けは、次のようになっています。

- 請求書のフォーマットが同じにもかかわらず、ファイル名がバラバラ
- ファイルが個人フォルダごとにまとまっている

部内の社員からは、「お客様の請求書ファイルがどこにあるかがわかりづらい」といった声があがっています。また、隣の営業部も同じ課題をもっているのだそうです。そこで、ファイル整理を自動化し、営業部と総務部のファイル整理を同時に終わらせたいと考えました。

自動化後のフォルダ構成は以下のルールで運用します。

- 請求書のファイル名は「請求書_会社名+様_YYYY年MM月」に統一する(例：請求書_株式会社A様_2020年01月)
- YYYY年MM月は、請求書発行月
- お客様の会社名ごとにフォルダをつくる
- 請求書以外のファイルは、ファイル移動操作を実行しない

現在のファイルは、次のとおりです[注2]。

注2　Excelファイルとそれらを格納するフォルダ群は、「はじめに」でダウンロードしたフォルダ内にある「organize_data」→「before」というサブフォルダに格納されています(p7参照)。

▼図 7-7　佐藤 / 請求書 _202002_DEF 商事様 .xlsx

▼図 7-8　佐藤 / タスク管理 .xlsx

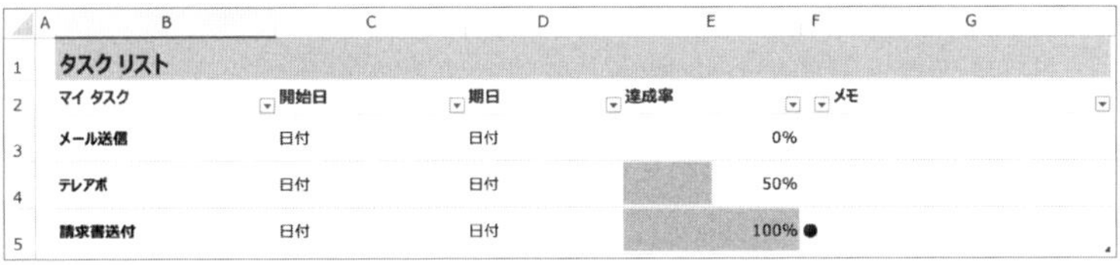

	A	B	C	D	E	F	G
1	タスク リスト						
2	マイ タスク	開始日	期日	達成率		メモ	
3	メール送信	日付	日付	0%			
4	テレアポ	日付	日付	50%			
5	請求書送付	日付	日付	100% ●			

▼図 7-9　田中 /DEF 商事 _202001.xlsx

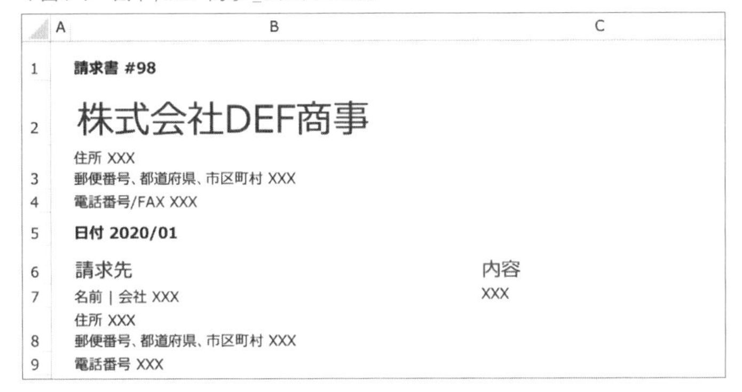

▼図 7-10　田中 /ABC ホールディングス _2020 年 2 月 .xlsx

	A	B	C
1	**請求書 #100**		
2	株式会社ABCホールディングス		
3	住所 XXX 郵便番号、都道府県、市区町村 XXX		
4	電話番号/FAX XXX		
5	**日付 2020/02**		
6	請求先		内容
7	名前 | 会社 XXX		XXX
8	住所 XXX 郵便番号、都道府県、市区町村 XXX		
9	電話番号 XXX		

▼図 7-11　田中 /ABC ホールディングス _2020 年 3 月 .xlsx

	A	B	C
1	**請求書 #101**		
2	株式会社ABCホールディングス		
3	住所 XXX 郵便番号、都道府県、市区町村 XXX		
4	電話番号/FAX XXX		
5	**日付 2020/03**		
6	請求先		内容
7	名前 | 会社 XXX		XXX
8	住所 XXX 郵便番号、都道府県、市区町村 XXX		
9	電話番号 XXX		

これらの請求書ファイルのシート名は「請求書」となっています

今回の演習では、sampleプロジェクト直下に新しく「organize_data」というフォルダをつくり、「before」フォルダにそれぞれのExcelファイルが入っている前提で解説を進めます。また、作成するプログラム名は、「rename_and_move_invoice_files.py」とします。

▼図 7-12　フォルダ構成

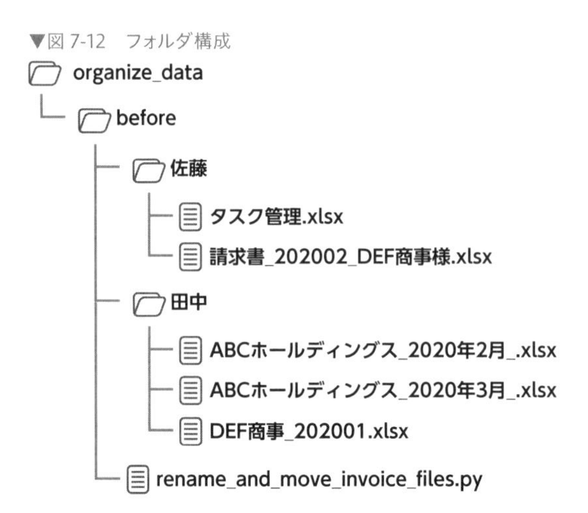

7-2-1 作業用フォルダにすべてのファイルをコピーする

beforeフォルダのまま、新しいフォルダ作成と各ファイル名の変更と移動を行ってもいいのですが、ファイルを誤削除してしまう危険があります。そのため、あらかじめ作業用フォルダをつくり、そこにすべてのファイルをコピーしておきましょう。今回は作業用フォルダを「after」という名前にします。

フォルダのコピーを行うには、shutilモジュールのcopytree()関数を使います（p147の5-1-5項参照）。この処理は続けて二度実行すると、2回目はすでにフォルダが存在するため、エラーになります。そこで、プログラムを何度実行してもエラーで処理が終了しないよう、例外処理（p80の2-7節参照）を仕込んでおきます。

```
import shutil

try:
    shutil.copytree('.\\before', '.\\after')
except FileExistsError as e:
    print('すでにafterフォルダが存在します')
```

7-2-2 すべてのファイルを取得する

次に、afterフォルダ内のすべてのファイルを取得します。現在、請求書ファイルは、「佐藤」「田中」のフォルダにそれぞれ分かれています。このような場合、osモジュールのlistdir()関数ではフォルダ名だけを取得してしまうため、ファイル名を一度に取得できません。そこで、globモジュールを使った再帰的な検索を行います（p140の5-1-4項参照）。

```
import glob

files = glob.glob('.\\after\\**', recursive=True)
```

filesにすべてのファイルが入っているので、forループでfileをひとつひとつ取り出し、処理を行います。

```
for file in files:
    # 以降の項にて解説する、各ファイルに対して行う処理を実行する
```


7-2-3 取得したファイルが請求書ファイルかどうかを判別する

今回は「請求書以外のファイルは、ファイル移動操作を実行しない」ため、請求書かどうかを判別する処理をつくる必要があります。そして、請求書ファイルかどうかを判断するには、Excelファイルのシート名に「請求書」が含まれているかどうかを判別すればよさそうです。この確認を行うために、OpenPyXLを利用します。

■拡張子が「.xlsx」かどうかの確認

OpenPyXLを使用するためには、拡張子が「.xlsx」となっている必要がありました（p84の3-1-1項参照）。まずはじめに、OpenPyXLを使って開けるファイルかどうかを確認する処理が必要です。

```
def check_excel_file(file):
    if '.xlsx' in file:
        return True
    else:
        return False
```

●シート名が「請求書」かどうかの確認

次に、請求書かどうかを判断する処理を行います。Excelファイルのシート名を取り出すには、sheetnames属性を指定します（p95の3-3-2項参照）。

```
import openpyxl

invoice_sheet_name = '請求書'
wb = openpyxl.load_workbook(file)

def check_invoice_excel_file(wb):
    if invoice_sheet_name in wb.sheetnames:
        return True
    else:
        return False
```

処理を関数にする基準は？

関数の原則は「1つの関数は1つのタスクを実行できるようにする」ことです。逆に言うと、つくった関数の中で複数の処理を行っている場合、関数を分割する余地があります。以降の解説でも、1つのタスクとして切り出せる処理は、関数としてつくっています。美しくプログラムを書く道のりに終わりはないので、みなさんも試行錯誤してみてください。

7-2-4 新しいファイル名とフォルダ名を取得する

新しい請求書ファイル名は、「請求書_会社名＋様_YYYY年MM月」（YYYY年MM月は、請求書発行月）とするのでした。請求書ファイルのフォーマット自体はすべて同じなので、会社名と請求書発行月は、それぞれExcelファイルのB2セルとB5セルから取得できます。

会社名を取得する

会社名を取得する処理は次のようになります。OpenPyXLで請求書シートのB2セルの値をnameと名付けて取り出します。

```
corporate_name_cell = 'B2'


def get_invoice_corporate_name(wb):
    name = wb[invoice_sheet_name][corporate_name_cell].value
    return name
```

請求書の発行月を取得する

請求書発行月の取り出しも、基本的にはB5セルの値を取り出せばいいのですが、B5セルの値は「日付 YYYY/MM」というフォーマットになっています。そこで、正規表現「\d\d\d\d/\d\d」を使って、必要な情報「YYYY/MM」だけをdateという名前で取り出します（p151の5-2-2項参照）。

```
import re

invoice_created_date_cell = 'B5'


def get_invoice_created_date(wb):
    # 値「日付 YYYY/MM」が取り出される
    value = wb[invoice_sheet_name][invoice_created_date_⏎
cell].value

    # 請求書の日付「YYYY/MM」を取得する正規表現を準備
    invoice_created_date_regex = re.compile(r'\d\d\d\d/\d\d')
    invoice_created_date_match = invoice_created_date_regex.⏎
search(value)
    # 文字列 YYYY/MM が取り出される
    date = invoice_created_date_match.group()
    return date
```

請求書ファイル名を「請求書_会社名＋様_YYYY年MM月」の形にする

会社名と請求書発行月を取り出すことができたので、format()メソッド（p156の5-2-4項コラム参照）を使用して情報を結合しましょう。また、get_invoice_created_date()関数で取得した日付のフォーマット（例：2020/02）を最終的なフォーマット（例：2020年02月）に変換するため、スライス記法を利用します（p178の6-2-4項参照）。

```
def get_new_invoice_file_name(wb):
    invoice_corporate_name = get_invoice_corporate_name(wb)
    invoice_created_date = get_invoice_created_date(wb)
    # 文字列 YYYY/MM を YYYY年MM月 に変換する
    formatted_date = '{0}年{1}月'.format(invoice_created_⏎
date[0:4], invoice_created_date[5:7])
    # ファイル名を生成 : 例「請求書_株式会社A様_2020年6月」
    file_name = '請求書_{0}様_{1}'.format(invoice_corporate_⏎
name, formatted_date)
    file_name_with_ext = file_name + '.xlsx'
    return file_name_with_ext, invoice_corporate_name


new_file_name, new_dir_name = get_new_invoice_file_name(wb)
```

get_new_invoice_file_name()関数のreturnには、新しい請求書ファイル名だけでなく、会社名も含めています。次のステップで、「お客様の会社名ごとにフォルダをつくる」ために必要だからです。複数の実行結果を同時に返すには、タプルの形式でreturnします。

7-2-5 新しいフォルダを作成する

会社名のフォルダをつくるには、osモジュールのmakedirs()関数を使います。フォルダ作成処理は、請求書のファイルの数分だけ複数回実行されます。そこで、すでにフォルダが存在していても処理が失敗しないように引数exist_okをTrueに指定します。引数にexist_ok=Trueをわたすと、フォルダがすでに作成されていてもエラーが発生しません（p141の5-1-3項参照）。

```
import os


def make_new_invoice_dir(invoice_corporate_name):
    dir_path = '.\\after\\' + invoice_corporate_name
    os.makedirs(dir_path, exist_ok=True)
    return dir_path


new_dir_path = make_new_invoice_dir(new_dir_name)
```

作成したmake_new_invoice_dir()関数では、作成したディレクトリーのパスをreturnしています。最終的にフォルダ移動を行う際に、移動先のディレクトリーのパスが必要だからです。

7-2-6 ファイル名変更とフォルダ移動を行う

ファイル名変更とフォルダ移動は、shutilモジュールのmove()関数を使うことで同時に実行できます（p146の5-1-5項参照）。ファイル名変更もフォルダ移動も、どちらも最終的にはパスを変更するという点で同じ操作とみなすことができるからです。

```
shutil.move(file, new_dir_path + '/' + new_file_name)
```

以上で、すべての作業が完了です。
すべての処理をまとめた完成版のプログラムは、次のとおりです[注3]。

▼プログラム 7-3 （rename_and_move_invoice_files.py）

```
01  import os
02  import shutil
03  import glob
04  import re
05
06  import openpyxl
```

注3　63行目から71行目にかけて例外処理を使用しています。これは、請求書の日付がフォーマット（YYYY/MM）に従っていない場合、36行目で定義した正規表現パターン文字列にうまくマッチせず、後続処理にてAttributeErrorが発生するためです。

```
07
08  invoice_sheet_name = '請求書'
09  invoice_created_date_cell = 'B5'
10  corporate_name_cell = 'B2'
11
12
13  def check_excel_file(file):
14      if '.xlsx' in file:
15          return True
16      else:
17          return False
18
19
20  def check_invoice_excel_file(wb):
21      if invoice_sheet_name in wb.sheetnames:
22          return True
23      else:
24          return False
25
26
27  def get_invoice_corporate_name(wb):
28      name = wb[invoice_sheet_name][corporate_name_cell].↵
    value
29      return name
30
31
32  def get_invoice_created_date(wb):
33      # 値「日付 YYYY/MM」が取り出される
34      value = wb[invoice_sheet_name][invoice_created_↵
    date_cell].value
35
36      # 請求書の日付「YYYY/MM」を取得する正規表現を準備
37      invoice_created_date_regex = re.compile(r'\d\d\d\d/\d\
    d')
38      invoice_created_date_match = invoice_created_date_reg
    ex.search(value)
39      # 文字列 YYYY/MM が取り出される
40      date = invoice_created_date_match.group()
41      return date
42
43
44  def get_new_invoice_file_name(wb):
```

```
45      invoice_corporate_name = get_invoice_corporate_⏎
    name(wb)
46      invoice_created_date = get_invoice_created_date(wb)
47      # 文字列 YYYY/MM を YYYY年MM月 に変換する
48      formatted_date = '{0}年{1}月'.format(invoice_created_⏎
    date[0:4], invoice_created_date[5:7])
49      # ファイル名を生成 : 例「請求書_株式会社A様_2020年6月」
50      file_name = '請求書_{0}様_{1}'.format(invoice_⏎
    corporate_name, formatted_date)
51      file_name_with_ext = file_name + '.xlsx'
52      return file_name_with_ext, invoice_corporate_name
53
54
55  def make_new_invoice_dir(invoice_corporate_name):
56      dir_path = '.\\after\\' + invoice_corporate_name
57      os.makedirs(dir_path, exist_ok=True)
58      return dir_path
59
60
61  def rename_and_move_invoice_file(file):
62      wb = openpyxl.load_workbook(file)
63      if check_invoice_excel_file(wb):
64          try:
65              # 請求書から、新しい請求書のファイル名を取得
66              # また、新しいフォルダ名（会社名）をあわせて取得
67              new_file_name, new_dir_name = get_new_⏎
    invoice_file_name(wb)
68          except AttributeError as e:
69              print('請求書の日付がフォーマットに従っていない可能性が⏎
    あります:' + file)
70          else:
71              new_dir_path = make_new_invoice_dir(new_dir_⏎
    name)
72              shutil.move(file, new_dir_path + '\\' + new_⏎
    file_name)
73
74
75  # 事前作業 : 作業用にbeforeフォルダからafterフォルダにすべての⏎
    ファイルをコピー
76  try:
77      shutil.copytree('.\\before', '.\\after')
78  except FileExistsError as e:
79      print('すでにafterフォルダが存在します')
```

```
80  # afterフォルダのファイルをすべて取得
81  files = glob.glob('.\\after\\**', recursive=True)
82  # 請求書のファイル名変更処理を行う
83  for file in files:
84      if check_excel_file(file):
85          rename_and_move_invoice_file(file)
```

処理を実行後[注4]、「after」フォルダの中身が次のようになっていれば成功です。

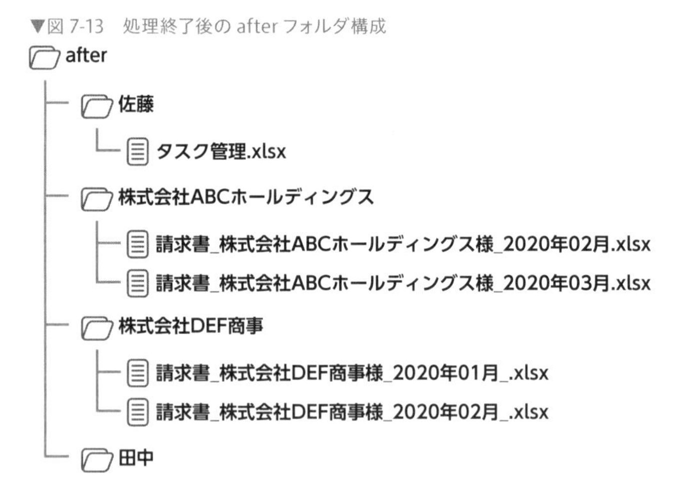

▼図 7-13　処理終了後の afterフォルダ構成

さらなる応用

今回の演習は、少ないファイル数で処理を行いましたが、再帰的にファイル取得を行っているため、フォルダの階層が深くなっても同様の処理で対応できます。言わずもがなファイル数が数百になったとしても問題ありません。

また、請求書以外のファイルに対して同様の対応をする際には、「if check_invoice_excel_file(wb):」の条件分岐を「elif」で増やし、処理を追加していけばいいだけなので、拡張した処理の実装もかんたんです。

注4　実行時に「UserWarning」というメッセージが表示されます。これは、今回の演習用Excelファイルに含まれるヘッダーとフッダーをOpenPyXLが読み取ることができないため表示されますが、プログラムの動作には関係ないので無視していただいてかまいません。

7-3 Webスクレイピングでデータを取得する

例題の説明

人事部のCさんは、新人社員向けにおすすめの書籍リストを公開しています。しかし、「1冊1冊書名を検索するのも大変なので、書籍のURLも追加してほしい」という意見がありました。そこで、出版社のサイトから書名と書誌情報のURLを一気に取り出すプログラムをつくり、情報を更新しようと考えました。

◆ ◆ ◆

今回は、技術評論社の最近発売された書籍100冊の中から、あまり複雑なことは考えず、書籍タイトルに「Python」と含まれているかどうかで、おすすめ書籍を判断することとします。

今回の演習では、sampleプロジェクト直下に「scraping」というフォルダを作成し、その中で「get_python_books.py」というプログラムをつくります。

7-3-1 対象のWebページを確認する

技術評論社のWebサイトの書籍案内のページから、Pythonのプログラミングに関する書籍が見つかりそうなリンクを探します。すると、「プログラミング・システム開発」に関するジャンルがあるようです。こちらを選択してみます。

技術評論社　書籍案内ページ
https://gihyo.jp/book

▼図 7-14　書籍案内のページ

　開いたページには、プログラミング・システム開発に関する書籍の情報が掲載されています。新刊が並んでいる箇所を下にスクロールしていくと、「もっと書籍を見る」というリンクがあります。今回は、100冊分の情報を見たいため、「もっと書籍を見る」をクリックします。

▼図 7-15　プログラミング・システム開発に関する書籍が一覧表示されたページ

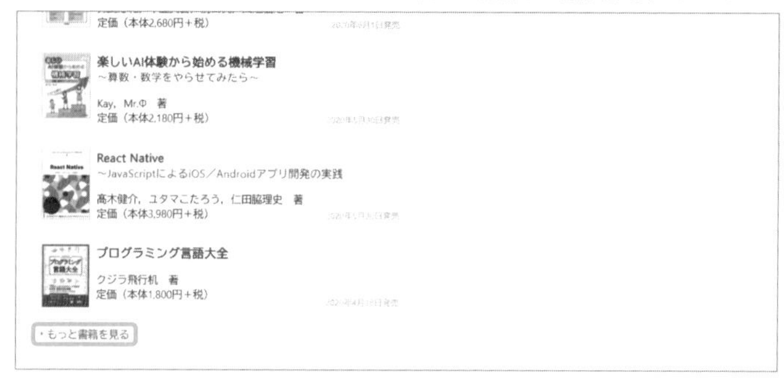

　すると、プログラミング・システム開発に関する書籍がずらっと並んだページにたどり着きます。

　1ページには、25冊の書籍が表示されています。今回は、新刊書籍100冊の中からPythonに関する書籍を抜き出したいので、4ページ分の情報が必要です。では、2ページ目をどのように取得するかを確認するため、「次のページへ」をクリックしてみます。ここで、URLに注目してください。

- 1ページ目のURL：https://gihyo.jp/book/genre?g=プログラミング・システム開発&page=0
- 2ページ目のURL：https://gihyo.jp/book/genre?g=プログラミング・システム開発&page=1

「page=数字」の部分が変わっている以外は同じであることがわかります。これはプログラムで扱ううえでとても便利です。pageに該当する数字を入れ替えてforループすれば次のWebページを取得することができるため、シンプルにプログラムが書けそうです。

クエリパラメータ

先ほどのURLの「?g=プログラミング・システム開発&page=数字」にあたる部分をクエリパラメータと言います。「?」に続き「変数名=値」のようにURLに加えることで、Webサイトにさまざまな情報を伝えることができます。複数ある場合は「&」でつなぎます。今回の場合は、書籍ジャンルの情報「g=プログラミング・システム開発」に加え、ページ番号の情報「page=数字」を「&」でつないでわたしています。Webから情報を取得する際に、クエリパラメータに着目することで、繰り返し処理のアイデアを得られる場合があります。

7-3-2　Webページから情報を取得する

requestsモジュールとHTTPリクエスト

Webページから情報を取得するためには、**requestsモジュール**を利用します。

```
import requests
```

requestsモジュールは、クライアントがWebサーバーへデータを要求するHTTPリクエストを送るためのモジュールです。HTTPリクエストには、リクエストURIと呼ばれる対象のリソース（Webページのurlなど）を記述するだけでなく、同時にリクエストメソッドを指定します。リクエストメソッドは、Pythonのオブジェクトにおけるメソッドとはまったく異なる概念です。

▼表7-1　各HTTPリクエストメソッドの意味

メソッド名	意味
GET	情報を取得する
PUT	情報を登録、または更新する
POST	情報を登録する
DELETE	情報を削除する

本節では、Webページを取得するため、requestsモジュールのget()メソッドを使います。また、パラメータをわたすには、params引数を使って次のように書きます。

```
requests.get('URL' , params={'KEY1': 'VALUE1', 'KEY2', 'VAL↵
UE2'})
```

今回、クエリパラメータは「書籍ジャンル」と「ページ番号」の2つがあるため、それらを次のようにしてわたします。

```
url = 'https://gihyo.jp/book/genre'
params = {
    'g': 'プログラミング・システム開発',
    'page': page_num
}
r = requests.get(url, params)
```

この箇所は、params引数を使わず、format()メソッドを使った次の処理でも代替できます。

```
url = 'https://gihyo.jp/book/genre?g=プログラミング・システム開発↵
&page={}'.format(page_num)
r = requests.get(url)
```

Requestsオブジェクトのレスポンス結果は、Responseオブジェクトです（上記処理の変数rに該当）。Responseオブジェクトは、次のような属性をもちます。

- url：url
- headers：HTTPレスポンスヘッダ
- text：テキストデータ
- content：バイナリデータ（画像やzipなどのデータをダウンロードするときなどに使う）

今回は、Webページの文章がほしいので、text属性の中身を変数htmlに代入し、print()します。

```
html = r.text
print(html)
```


ここまでの流れをふまえて、ひとまず100冊分の情報を取得し、画面表示させてみましょう。なお、取得する処理を行う際にアクセス頻度を1秒に1リクエストとするため、sleep(1)という処理を入れています。

▼プログラム7-4　25冊×4ページの書籍情報を取得する

```
01  import time
02  
03  import requests
04  
05  for page_num in range(4):
06      url = 'https://gihyo.jp/book/genre'
07      params = {
08          'g': 'プログラミング・システム開発',
09          'page': page_num
10      }
11      r = requests.get(url, params)
12      html = r.text
13      print(html)
14      time.sleep(1)
```

▼実行結果

```
<!DOCTYPE html>
：（略）
</html>

<!DOCTYPE html>
：（略）
</html>

<!DOCTYPE html>
：（略）
</html>

<!DOCTYPE html>
：（略）
</html>
```

一度に大量の情報を出力しているためわかりづらいですが、<!DOCTYPE html>から</html>を１ページとして、計４ページが取得できていれば成功です。

7-3-3 CSSセレクタを確認する

次に、ダウンロードしたWebページの情報から、Pythonに関する書籍を抽出します。

Webページから特定の情報（今回であれば、タイトルに「Python」を含む書籍）を取り出すには、CSSのセレクタを使ってまずは書籍名を絞り込みます。CSSは、Cascading Style Sheetsの略で、文字やページ背景の色を変更したり、文字にリンクを張ったりといったWebページのスタイルを指定することができます。CSSセレクタは、スタイル指定をする箇所を特定する情報のようなものです。

WebページのCSSのセレクタを確認するには、Google Chromeの機能を活用します。セレクタを調べたいWebページ（今回であれば、https://gihyo.jp/book/genre?g=プログラミング・システム開発&page=0）を開きます。書籍タイトルをドラッグして選択した状態で右クリックをし、「検証」を選択します。

▼図7-16　1冊目の書籍タイトルを検証

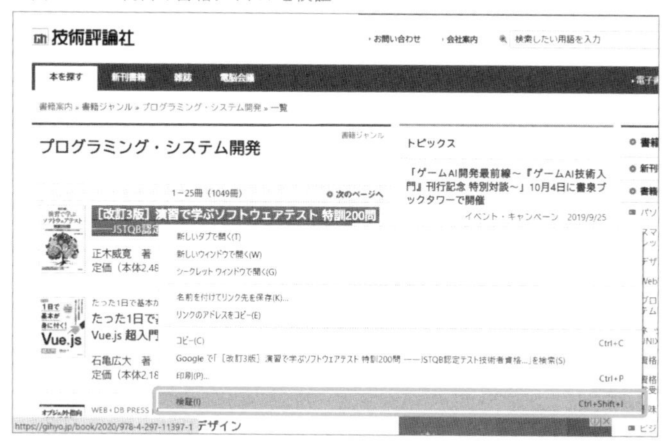

その後、右に表示されたウィンドウの選択された箇所をさらに右クリックし、「Copy」→「Copy selector」をクリックします。

▼図7-17　CSSセレクタをコピー

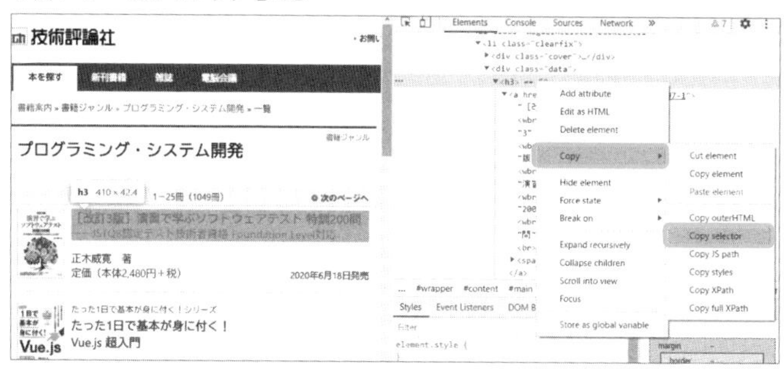

このCSSが適用されているのは、現在選択している1冊目の書籍タイトルだけです。しかし、今回は、ページ内のすべての書籍タイトルを選択したいです。ということで、2冊目の書籍タイトルにどのようなCSSが適用されているかも確認しましょう。

コピーした内容をどこかにペーストして見てみると、それぞれ次のようになっています。

1冊目：#mainbook > ul > li:nth-child(1) > div.data > h3 > a
2冊目：#mainbook > ul > li:nth-child(2) > div.data > h3 > a

nth-child(数字)の部分以外はまったく同じであることがわかりました。つまり、書籍タイトルを抜き出すには、CSSセレクタから、nth-child(数字)の箇所を除外すれば汎用的に書籍タイトルの情報だけを抜き出すことができそうです注5。つまり、今回利用するCSSセレクタは、次のようになります。

```
#mainbook > ul > li > div.data > h3 > a
```

ここに、「Python」という文字が含まれているかを確認していきます。

7-3-4 取得したHTMLを解析する

Webページから情報を抽出するためには、**bs4**（BeautifulSoupのバージョン4という意味）**モジュール**を使うと便利です。

```
from bs4 import BeautifulSoup
```

BeautifulSoup()関数に、引数としてhtmlをわたすと、BeautifulSoupオブジェクトをつくることができます。

```
soup = BeautifulSoup(html, 'lxml')
```

第2引数に指定しているlxmlは、HTMLパーサの一種です。HTMLパーサは、HTMLの構造を解析し、必要な情報を特定するための解析器のことです。HTMLパーサには、ほかにも種類がありますが、公式ドキュメントで推奨されているlxmlを使うといいでしょう。もし、動かない場面に遭遇した場合は、html5libや、html.parserを使います。

注5　nth-child(数字)の詳細はほかの専門的な書籍に譲りますが、同列の要素の中からn番目の要素を指定することができるCSSのクラスです。

HTMLパーサに関する公式ドキュメントの記述
https://www.crummy.com/software/BeautifulSoup/bs4/doc/#installing-a-parser

BeautifulSoupオブジェクトには、HTMLから情報を抜き出すための便利なメソッドが用意されています。今回のようにCSSセレクタを用いて情報抽出する場合は、**select()メソッド**を使用します。代表的なCSSセレクタの指定方法の例とマッチする対象は次のとおりです。

soup.select('セレクタ')：指定したセレクタをもつすべての要素
soup.select('セレクタ1 セレクタ2')：セレクタ1要素の中のすべてのセレクタ2の要素
soup.select('セレクタ1 ＞ セレクタ2')：セレクタ1要素の直下のすべてのセレクタ2の要素

今回は、書籍タイトルのCSSセレクタの中から、先ほど紹介したようにnth-child(数字)の絞り込みだけを消し、次のようにセレクタを指定します。

```
book_elems = soup.select('#mainbook > ul > li > div.data > ↵
h3 > a')
```

select()メソッドは、Tagオブジェクトのリストを返します。Tagオブジェクトは、<!DOCTYPE>や<h3>といったHTMLのタグに対応します。リストなので、それぞれのTagオブジェクトを操作するには、forループで取り出しましょう。Tagオブジェクトから、テキスト（今回は書籍タイトル）を取り出すには、Tagオブジェクトの**text属性**を使います。

```
for book_elem in book_elems:
    book_title = book_elem.text
```

今回の演習では、Pythonに関する書籍を取り出すので、book_titleにPythonが含まれるかをif文で確認すれば、書名の抽出は完了です。

7-3-5 書籍のURLを取り出す

今回は、書籍ページのURLも一緒に抽出したいのでした。Tagオブジェクトのget()メソッドを用いると、引数にわたした属性の値を取り出してくれます。URLはリンクを指定する**href属性**に入っているため、次のようにすれば書籍ページのURLを取り出すことができます。

```
book_url = book_elem.get('href')
```

取り出したURLは「/book/2020/978-4-297-xxxxx-x」のように、ルート相対パスと呼ばれる形式になっています。実際に私たちが利用するURLの形式にするには、Webサイトのドメイン部分も必要です。

```
print('https://gihyo.jp' + book_url)
```

最終的に完成した書籍のタイトルと書籍のURLを抜き出すプログラムは、次のようになります。

▼プログラム7-5　書籍のタイトルと書籍のURLを抜き出す（get_python_books.py）

```
01  import time
02  
03  import requests
04  from bs4 import BeautifulSoup
05  
06  for page_num in range(4):
07      url = 'https://gihyo.jp/book/genre'
08      params = {
09          'g': 'プログラミング・システム開発',
10          'page': page_num
11      }
12      r = requests.get(url, params)
13      html = r.text
```

```
14        soup = BeautifulSoup(html, 'lxml')
15        book_elems = soup.select('#mainbook > ul > li > div.
    data > h3 > a')
16
17        for book_elem in book_elems:
18            book_title = book_elem.text
19            if 'Python' in book_title:
20                print(book_title)
21                book_url = book_elem.get('href')
22                print('https://gihyo.jp' + book_url)
23
24        time.sleep(1
```

▼実行結果

```
パーフェクトPython［改訂2版］
https://gihyo.jp/book/2020/978-4-297-11223-3
自走プログラマー～Pythonの先輩が教えるプロジェクト開発のベストプラク
ティス120
https://gihyo.jp/book/2020/978-4-297-11197-7
Python実践入門──言語の力を引き出し、開発効率を高める
https://gihyo.jp/book/2020/978-4-297-11111-3
つくってマスターPython─機械学習・Webアプリケーション・スクレイピン
グ・文書処理ができる！
https://gihyo.jp/book/2019/978-4-297-11034-5
Pythonクローリング＆スクレイピング［増補改訂版］―データ収集・解析のた
めの実践開発ガイドー
https://gihyo.jp/book/2019/978-4-297-10738-3
Pythonによるはじめての機械学習プログラミング［現場で必要な基礎知識が
わかる］
https://gihyo.jp/book/2019/978-4-297-10525-9
```

さらなる応用

今回は取得したデータを単に画面出力しましたが、Excelに出力してさらに分析をしてもいいでしょう。また、本節で学んだ内容を活かし、画像取得を自動化することもできます。

Webページから画像を取得する

7-3節で学んだ内容を応用することで、Webページからの画像収集も行うことができます。7-3節と同様のページ(https://gihyo.jp/book/genre?g=プログラミング・システム開発&page=0) より、1冊目の書籍の画像のみ取り出すプログラムを書きます。Webページから情報を取得する、7-3-2項までの一連の流れの説明は7-3節と同じのため解説は省略します。

1　Google Chromeで、画像のCSSセレクタを確認する

画像の上にカーソルをあわせ、7-3-3項(p222) と同様の流れでCSSセレクタを確認します。nth-child(数字)の箇所は不要なため、削除します。ですので、最終的に利用するCSSセレクタは次のようになります。

```
#mainbook > ul > li > div.cover > a > img
```

CSSセレクタがわかったので、7-3-4項(p224) と同様にselect()メソッドを実行し、Tagオブジェクトを取得します。

```
book_img_elems = soup.select('#mainbook > ul > li >
div.cover > a > img')
```

2　Beautiful Soupで、画像のURLを取得する

今回は、1冊目の本の画像だけを取得したいので、book_img_elems[0]を使います。最終的にはrequestsモジュールのget()メソッドで画像URLを指定するため、画像のパスを調べます。

▼プログラム7-6　取得したTagオブジェクトの中身を確認する

```
print(book_img_elems[0])
```

▼実行結果

```
<img alt="［表紙］［改訂新版］&lt;wbr/&gt;jQuery&lt;wbr
```

```
/&gt;ポケットリファレンス" class="lazyload" data-src="/
assets/images/cover/2020/thumb/TH64_9784297111250.
jpg" data-srcset="/assets/images/cover/2020/thumb/
TH64_9784297111250.jpg 1x, /assets/images/cover/
2020/thumb/TH128_9784297111250.jpg 2x" height="97"
src="/assets/images/reading.gif" title="［表紙］［改訂

新版］&lt;wbr/&gt;jQuery&lt;wbr/&gt;ポケットリファレンス"
width="64"/>
```

画像のパスは「data-src」に含まれているであろうことがわかります。Tagオブジェクトにはattrs属性があり、要素名をキーとして指定することで、中身をかんたんに取り出せます。

▼プログラム7-7　画像のパスを確認する

```
book_img_elem = book_img_elems[0]
print(book_img_elem.attrs['data-src'])
```

▼実行結果

```
/assets/images/cover/2020/thumb/TH64_9784297114688.jpg
```

3　requestsモジュールで画像を取得する

画像URLに対し、requestsモジュールのget()メソッドを実行しましょう。URLは、「book_img_elem.attrs['data-src']」の内容と、Webサイトのドメイン部分（https://gihyo.jp）とを結合して利用します。

```
img = requests.get('https://gihyo.jp' + book_img_elem.
attrs['data-src'])
```

4　Responseオブジェクトのcontent属性でファイルを書き出す

最後に、取得したResponseオブジェクトimgをファイルに書き出せば完了ですが、テキストではなく画像のバイナリを扱うため、2つポイントがあります。

ファイルオブジェクトをopen()関数で開く際、バイナリ書き込みモードで開く

Responseオブジェクトのcontent属性を使う

いずれも画像なので、通常のテキストとは違い、バイナリモード(p143の表5-1)を使用します。

```
with open('.\\book.jpg', 'wb') as f:
    f.write(img.content)
```

本の画像を取得する最終的なプログラムは次のとおりです。

▼プログラム7-8　本の画像を取得する(get_book_image.py)

```
01  import requests
02  from bs4 import BeautifulSoup
03
04  url = 'https://gihyo.jp/book/genre'
05  params = {
06      'g': 'プログラミング・システム開発',
07      'page': 0
08  }
09  r = requests.get(url, params)
10  html = r.text
11  soup = BeautifulSoup(html, 'lxml')
12  book_img_elems = soup.select('#mainbook > ul > li >
    div.cover > a > img')
13  book_img_elem = book_img_elems[0]
14
15  img = requests.get('https://gihyo.jp' + book_img_
    elem.attrs['data-src'])
16
17  with open('.\\book.jpg', 'wb') as f:
18      f.write(img.content)
```

同フォルダに「book.jpg」が生成されていれば完了です。今回は、1冊目の書籍の画像のみ取り出したいので、プログラム7-5のようにリストの中身をforループで1つずつ取り出すのではなく、13行目のようにリストの先頭だけをbook_img_elems[0]のように指定しています。

おわりに

「おわりに」から読み始めるみなさん、はじめまして。「はじめに」から読み始め、ようやくここにたどり着いたみなさん、おつかれさまでした。いかがでしたか？

本書が生まれたきっかけ

本書はもともとExcelで完結する業務自動化・効率化でのPython活用にフォーカスして執筆する予定でした。つまり、第3章で行ったOpenPyXLの解説までで終わっていたはずでした。しかし、本書の企画を進めるうちに「本当にそれで読者のみなさんが、ご自身の業務を変え得るのだろうか」という気持ちが強まりました。というのは、Excel作業そのものをコード化したからといって、できることは実はそれほど多くないからです。

「ファイルを自動生成したい？　テンプレートとなるファイルをコピーして都度編集すればいいじゃない」
「Excelファイルを開いて編集するのと、Excelファイルを生成するコードを編集するのとでは作業負荷は誤差の範囲でしょう？」

Excel作業のコード化だけでは、この疑問に答えることはできません。もちろん、コード化されていることによって作業工程が可視化されることには大きな意味があるのですが、もともとの要求（ファイルを自動生成したい）に対する解決策としてExcel作業のコード化が寄与する範囲は極めて限定的です。

そこで、本書が出した答えは「Excel作業の前後工程も含めた、業務のかたまりを自動化・効率化する手段を提供する」というものでした。この言葉の意味については、本書冒頭「はじめに」で触れたとおりです。

業務効率化と筆者の仕事の関わり

本書が、なぜ作業単位ではなく業務のかたまりを自動化・効率化する考え方の提供にこだわったのか、この場を借りて紹介させてください。

筆者は普段、SRE（サイト信頼性エンジニア）という仕事をしています。SREとして働く中で、さまざまなシステム運用業務の自動化・効率化に取り組んできました。そこでわかったことの1つは「完全な自動化されたプロセスと、一部だけが効率化されたプロセスは、似て非なるものである」ということ。完全な自動化されたプロセスがあれば、人間はその業務から解放され、新しい時間をフル活用することができます。しかし、一部だけが効率化されたプロセスではそうはいきません。

お水の提供を機械でセルフサービスにしている飲食店と、ピッチャーでセルフサービスにしている飲食店を考えると、なんとなくわかっていただけるのではないでしょうか。前者であれば機械の定期メンテナンス以外の作業は発生しませんが、後者であれば日々ピッチャーへの水の補充が必要ですし、お客様から「水が入ってないよ」と言われた際にはほかの作業を中断しなければなりません。こういった視点の積み重ねが、日々の業務をどう変えるかにつながります。

だからこそ本書では、作業単体の効率化にとどまらず、「まとまった業務のかたまり」を自動化するための視点や方法にこだわりました。もちろん、完全な自動化が常に正義だというわけではありません。前述した飲食店でのお水提供の例を考えると、お水をセルフサービスにしている高級レストランはほとんどありません。店員さんがやってきて、お水を注いでくれるでしょう。自動化できないことは、手順書をつくって現場での運用を徹底することも大切です。つまり業務をどのように自動化・効率化するかを決めるのは、その業務に詳しい人が自身の哲学や理念で決めるものなのです。

そのための判断材料として「自動化・効率化することで何がどのように変わるか？　変えられるか？」を実践し、理解しておく必要があります。本書の存在価値はまさにそこにあります。日々、現場で業務をデザインするみなさんが「この仕事ってプログラミングで自動化できるんだろうか？」「どこまでをプログラムにやってもらい、どこまでを人がやるのか？」という視点をもつことが、デジタルを活用して業務改革していくために重要です。

本書を通じて、ご自身の仕事を変えていくアイデアが1つでも頭に浮かんだのであれば、ぜひ実践してみてください。みなさんの今後のご活躍を心より応援しています。

謝辞

この場を借りて、お世話になったみなさまへのお礼をさせてください。

執筆の機会をくださり、かつ本書の編集をしてくださった技術評論社の山﨑 香様に深く感謝を申し上げます。読者目線での指摘を何度もいただいたおかげで、表現の修正だけでなく、内容の取捨選択を行うことができました。

共著者である、株式会社プランノーツ代表取締役の高橋 宣成様。本書執筆のきっかけとなった「いつも隣にITのお仕事」でのOpenPyXL連載の際から、長期間にわたりありがとうございました。VBAに関する書籍を多数執筆されている高橋様が、共著者として本書を執筆してくださったのは本当に心強かったです。

最後に、妻へ。フルタイムの仕事をしながら1冊の本を書き上げることができたのは、家族の協力があったからこそでした。出産・育児という大きなイベントの最中も、ずっと応援をしてくれて本当にありがとう。執筆期間中に、生まれてきてくれた子どもにも執筆する元気をもらいました。あわせて感謝したいと思います。

2020年6月　著者代表　北野勝久

参考文献

書籍

『IntelliJ IDEA ハンズオン――基本操作からプロジェクト管理までマスター』
山本裕介、今井勝信 著、技術評論社 刊

『独学プログラマー Python言語の基本から仕事のやり方まで』
コーリー・アルソフ 著、清水川貴之 監訳、日経BP社 刊

『Python実践入門 ―― 言語の力を引き出し、開発効率を高める』
陶山嶺 著、技術評論社 刊

『スラスラわかるPython』
岩崎圭、北川慎治 著、寺田学 監修、翔泳社 刊

『Pythonプロフェッショナルプログラミング 第3版』
株式会社ビープラウド 著、秀和システム 刊

『ゼロからわかるRuby超入門』
五十嵐邦明、松岡浩平 著、技術評論社 刊

『退屈なことはPythonにやらせよう ―ノンプログラマーにもできる自動化処理プログラミング 』
Al Sweigart 著、相川愛三 訳、オライリー・ジャパン 刊

『現場ですぐに使える！Pythonプログラミング逆引き大全313の極意』
金城俊哉 著、秀和システム 刊

『Pythonによるデータ分析入門 第2版 ―NumPy、pandasを使ったデータ処理 』
Wes McKinney　著、瀬戸山雅人、小林儀匡、滝口開資 訳、オライリー・ジャパン 刊

『Pythonデータ分析/機械学習のための基本コーディング！ Pandasライブラリ活用入門』
Daniel Y. Chen 著、吉川邦夫 訳、福島真太朗 監修、インプレス 刊

『Python実践データ分析100本ノック』
下山輝昌、松田雄馬、三木孝行 著、秀和システム 刊

『リーダブルコード ―より良いコードを書くためのシンプルで実践的なテクニック』
Dustin Boswell、Trevor Foucher 著、角征典 訳、オライリー・ジャパン 刊

『Pythonによるクローラー＆スクレイピング入門 設計・開発から収集データの解析・運用まで』
加藤勝也、横山裕季 著、翔泳社 刊

『GitHubポケットリファレンス』
澤田泰治、小林貴也 著、技術評論社 刊

索引

読者特典

近年は、社内で複数のSaaSを利用している方も多いでしょう。そこで、Web APIを利用して、SaaSから必要なデータを取り出したり、Python経由でSaaSのデータを操作したりする一連の流れを、読者特典としてご用意しました。

第8章　Web APIで、SaaSのデータを取得・操作しよう

8-1　JSONデータの処理

8-1-1　JSONの出力
8-1-2　JSONの読み込み

8-2　Web APIで、Trelloのデータを取得・操作する

8-2-1　Trelloの登録とボードの準備
8-2-2　APIキーとトークンの取得
Column　APIドキュメントの読み方
8-2-3　サンプルボードのIDを取得する
8-2-4　サンプルボードのリスト情報を取得する
8-2-5　演習用ボードのIDを取得する
8-2-6　演習用ボードのリストを更新する
8-2-7　サンプルボードのカード情報を取得する
8-2-8　ボードのカード情報を更新する

これらの内容は、下記のURLから参照できます。

8-1 節の URL

https://github.com/katsuhisa91/python_excel_book/tree/master/json

8-2 節の URL

https://github.com/katsuhisa91/python_excel_book/tree/master/trello_archive

著者紹介

北野 勝久（きたの かつひさ）

株式会社スタディスト開発部副部長 兼 SRE（Site Reliability Engineer）。
日本タタ・コンサルタンシー・サービシズ株式会社にて、ERPシステムの構築等に携わった後、株式会社スタディストに入社。SOP（標準作業手順書）のプラットフォームサービス「Teachme Biz」の新規機能開発や、システム運用業務自動化の実装等を担当した後に現職。
コミュニティ活動として、SREの勉強会「SRE Lounge」や、日本初のSREのカンファレンス「SRE NEXT」の主催を務める。システム運用業務の自動化によって、自らの働き方を大きく変えた原体験をきっかけとし、趣味でPythonを使った困りごとの自動化に取り組む。その一環で「いつも隣にITのお仕事」にOpenPyXLに関する連載を寄稿し、本書執筆につながる。
普段の業務では、Pythonは自動化ツールの開発やデータ分析等に利用している。
【Twitter】https://twitter.com/katsuhisa__

高橋 宣成（たかはし のりあき）

株式会社プランノーツ代表取締役。1976年5月5日こどもの日に生まれる。
電気通信大学大学院電子情報学研究科修了後、サックスプレイヤーとして活動。自らが30歳になったことを機に就職。モバイルコンテンツ業界でプロデューサー、マーケターなどを経験。しかし「正社員こそ不安定」「IT業界でもITを十分に活用できていない」「生産性よりも長時間労働を評価する」などの現状を目の当たりにする。日本のビジネスマンの働き方、生産性、IT活用などに課題を感じ、2015年6月に独立、起業。
現在「ITを活用して日本の『働く』の価値を高める」をテーマに、VBA、Google Apps Script、Pythonなどのプログラム言語に関する研修、セミナー講師、執筆、メディア運営、コミュニティ運営など、非IT企業・非IT人材向け教育活動を行う。
コミュニティ「ノンプログラマーのためのスキルアップ研究会」主宰。Linkedinラーニングトレーナー。自身が運営するブログ「いつも隣にITのお仕事」は、月間130万PVの人気を誇る。
【いつも隣にITのお仕事】https://tonari-it.com/

■本書のハッシュタグ

もし質問や感想があれば、ハッシュタグ「#python_excel」をつけてSNS等に投稿していただければうれしいです(筆者も可能な限りリアクションをしようと考えています)。

ブックデザイン：轟木 亜紀子（株式会社トップスタジオ）
レイアウト　：株式会社トップスタジオ
編集　　　　：山﨑 香

Pythonでかなえる　Excel作業効率化

2020年　8月　5日　初　版　第1刷発行
2020年　9月10日　初　版　第2刷発行

著　者　北野勝久、高橋宣成
発行者　片岡 巌
発行所　株式会社技術評論社
東京都新宿区市谷左内町21-13
電話　03-3513-6150　販売促進部
03-3513-6170　雑誌編集部

印刷・製本　日経印刷株式会社

定価はカバーに表示してあります。

ISBN978-4-297-11450-3　C3055
Printed in Japan

●お問い合わせについて

本書に関するご質問は、FAXか書面でお願いいたします。電話での直接のお問い合わせにはお答えできませんので、あらかじめご了承ください。また、下記のWebサイトでも質問用フォームを用意しておりますので、ご利用ください。

ご質問の際には、書籍名と質問される該当ページ、返信先を明記してください。e-mailをお使いになられる方は、メールアドレスの併記をお願いいたします。ご質問の際に記載いただいた個人情報は質問の返答以外の目的には使用いたしません。

お送りいただいたご質問には、できる限り迅速にお答えするよう努力しておりますが、場合によってはお時間をいただくこともございます。なお、ご質問は、本書に記載されている内容に関するもののみとさせていただきます。

◆お問い合わせ先

〒162-0846　東京都新宿区市谷左内町21-13
株式会社技術評論社　雑誌編集部
「Pythonでかなえる　Excel作業効率化」係
FAX：03-3513-6179
Web：https://gihyo.jp/book/